君飞 著

MINGMING HEN NULI
QUE WEIHE
MEIYOU ZHANGJIN

明明很努力，却为何没有长进

民主与建设出版社
·北京·

© 民主与建设出版社，2024

图书在版编目(CIP)数据

明明很努力，却为何没有长进 / 君飞著.. -- 北京：民主与建设出版社，2016.8（2024.6 重印）

ISBN 978-7-5139-1224-2

Ⅰ.①明… Ⅱ.①君… Ⅲ.①成功心理—青年读物 Ⅳ.①B848.4-49

中国版本图书馆CIP数据核字(2016)第180097号

明明很努力，却为何没有长进

MINGMING HENNULI, WEIHE MEIYOU ZHANGJIN

著　　者	君　飞	
责任编辑	刘树民	
装帧设计	李俏丹	
出版发行	民主与建设出版社有限责任公司	
电　　话	（010）59417747　59419778	
社　　址	北京市海淀区西三环中路10号望海楼E座7层	
邮　　编	100142	
印　　刷	永清县晔盛亚胶印有限公司	
版　　次	2017 年 1 月第 1 版	
印　　次	2024 年 6 月第 2 次印刷	
开　　本	880mm×1230mm　1/32	
印　　张	8.5	
字　　数	180千字	
书　　号	ISBN 978-7-5139-1224-2	
定　　价	58.00 元	

注：如有印、装质量问题，请与出版社联系。

目录
CONTENTS

拼尽全力了，
为何还是没有长进

目录
CONTENTS

梦想从什么时候
开始都不晚

踮起脚尖，
实现梦想

目录
CONTENTS

我们曾经不堪一击，
但终会刀枪不入

改变命运
的翅膀

目录
CONTENTS

方向不对，
有些苦也是白吃

拼尽全力了，

为何还是没有长进

如果你也觉得自己做了那么多事，

却仍旧过得不好，

是不是也可以去想想，

什么是我该做的，什么是我想做的，

然后，做出些许改变？

拼尽全力了，为何还是没有长进

[1]

中午，跟朋友A打了三个小时电话，本来是想聊点合作，但却不知不觉地聊到了成长。

我们认识差不多一年了，在这一年时间里，我们都在努力，A比我更能坚持，说实话，我很佩服她。

由于关系不错，我们就聊得比较直接，我问了她一个问题：你觉得自己这一年时间里有没有培养出核心竞争力？

A愣了一下，然后跟我说，没有。

我继续问，我们其实都很努力，你知道我们俩之间最大的区别在哪里吗？

[2]

待我确定A真的想听我继续分析下去后，我开始讲我的看法。

其实，你一直没有分清楚什么是该做的（需要做的）和什么是想做的。你一直在学习，但是最终产生的效果却差了许多。

你应该问问自己，未来到底想过什么样的生活，然后确定，为了实现这种生活，我需要做哪些准备，该怎么去做。

而不是，我想学什么就学什么，过于行随心动。

事实上，做好该做的事，你以后才有更好的条件来做你想做的事。

[3]

如果你老大不小了，目标是做一个英语老师，你应该做的先明确你要教哪个阶段的，甚至具体到是教听力、教口语还是教作文。

再去将相关内容学好，弄熟悉，看同行老师的上课视频或者去旁听，学习他们的授课技巧。

做好了准备以后，你得找机会试，去课堂上实践，不断提升自己的讲课能力。

而不是，同时又想学尤克里里，觉得这能增加自己的个人魅力，立马就去报了个班。

平时喜欢参加各种聚会，别人一叫你，你一定赴约。

学尤克里里和参加聚会都是你想做的事情，但，请记住，你已经老大不小了，既然想做一个英语老师，那就先将该做的事情解决吧！

[4]

你要准备某个考试，ok，你该做的就是把该看的资料都买来，然后反复看，反复练习。

而不是，想看小说的时候看小说，想去旅行的时候就去旅行。

这些都是你喜欢做的，但却不是你该做的。对于高效备考没有太多帮助。

等你考过了，你再去做也不迟。

除非，你已经精神崩溃，需要去释放一下，那另当别论。

[5]

前几天我在后台放了好友毛毛的文章，他是一个设计师，但是对文字很感兴趣，尤其是喜欢写爱情故事。

我们是在一个读书会认识的，网上聊得还不错，但是他经常不来参加我们的线下活动，多次的缺席，我们难免对他有些意见。

后来，当我看到他的文章，我被惊到了，这小子竟然在业余时间写出了好几篇网络爆文！

现在想想，他就是一个分清了该做什么和想做什么的人。

其实他一直很想来参加我们的活动，但他已经结婚，还有了小孩，他需要好好陪伴自己的家人。

他有文学梦，他想写东西，好不容易获得老婆的理解，每天挤出时间熬夜写文。

哪里有那么多时间出来跟我们一起嗨呢？

[6]

我们大多数人，都知道自己想过什么样的生活，想要收获什么样的成长。

只是，一直没有认真去分清什么是该做的，什么是想做的。从而让成长变得非常缓慢，甚至是退步。

如果你也觉得自己做了那么多事，却仍旧过得不好，是不是也可以去想想，什么是我该做的，什么是我想做的，然后，做出些许改变？

同样努力，为何结果截然不同

收起"为什么我明明这么努力，却依然一无所获"的抱怨吧。请先扪心自问，你为口中的"努力"是否付出了真心和爱，是否有明确的方向，是否制定了实施计划，是否一心一意坚持到底不动摇。当这些答案都是YES的时候，再去思考一无所获的事情吧！

[1. 你明明很努力，却依然一无所获]

我90后的表妹终于决定结束在上海的奔波操劳，回到家乡，留在父母身边，过安稳小康的生活。在临走的时候，她问我，"姐姐，为什么我这么努力，还是得不到我想要的？"

我问她，"你真的非常非常努力吗？"

表妹愤愤地看着我说，"我为什么没有努力呢？我租的房子那么破，冬天冷夏天热。每天要6点多起床，挤三趟地铁去上班，连滴车都舍不得打。周末都在加班，我没有时间逛街，没时间看电影，没时间找朋友玩。我一分钱掰成两分钱花，我好几个月都没有买过一件新衣服，没有吃大餐，没有看电影，我难道还不够努力吗？"

我很认真地跟她说，"你这是日子过得苦，根本谈不上努力！"

种瓜得瓜，种豆得豆。可惜，"受苦"不是"努力"的同义词，也生不出"收获"的果实。

上海的这一年多时间，表妹在一家广告设计公司上班。本来她是冲着文案策划去的，但从她进公司的第一天起，就把自己培养成一名货真价实的小妹，买咖啡、送点心、打印复印接电话、寄送包裹接收包裹，忙得不亦乐乎。工作初始，我跟表妹说，你上班的目的不是去打杂，而是去跟着同事学东西。跑腿的活，永远教不会你专业的知识。

半年后，同期进去的几个小女孩转入到策划部门，表妹从一个跑腿小妹变成了合格的前台接待，这就是她忙前忙后的"努力"。

表妹分不清"忙前忙后"和"学东西"的区别。她以为只要一份工作让她没有时间去逛电商、刷网页、聊天或者看电影，就是一份很辛苦的工作，而这个辛苦就代表了努力。而当她"努力"了半天，发现自己跟其他同期人之间的差距越来越大时，就会心生不满，认为他人一定是有背景有后台，"努力就会有回报"根本就是哄小孩子的假话。

就像这次聊天，她依然不能理解我对她"努力"的不认可，愤愤地问我，"姐姐，你凭什么说我不努力，你告诉我什么才叫做努力？"

跟她同期进公司的M妹子才配得上"努力"二字。这个93年的姑娘，进公司之前就在家里做足功课，了解入职岗位所需要的能力素质匹配，还没有开始工作，就看了大量相关的专业书，做了两大本的读书笔记。进了公司，直奔主题，不是为了公司那些无聊的琐事而忙的不亦乐乎，而是跟着带自己的前辈跑前跑后，她认真对待交代到自己手中每一个小事。连表妹都跟我感慨过，M妹子手头随时都有一个记录本，上面密密麻麻地码着每天的工作安排、自己心得、别人经验等等。这就是一个典型工作用心、干活走心的职场好妹子。

其实我明白，表妹就是找着机会跟周遭的亲人朋友嚷嚷着自己很努力，用生活"艰辛"来掩盖自己对工作的"逃避"。她内心深处明白，她承受不了真正"努力"的生活。

这些年身边很多人都抱怨说"自己明明很努力了，为什么却依然一无所获？"每当这个时候，我就会问他们"你们真的是在努力吗？"

大多数人的回答跟我表妹相似，他们用一大篇的生活苦难史来为自己的"努力"正名，却独独忘了思考，这些苦难的付出是否跟努力相匹配，跟他们所要求的结果想匹配。

借用我的好朋友林妹妹的话，"努力二字，在一些人口中很廉价。"他们看似做了很多努力，却依然一无所获。

[2. 努力不是乱跑，她要方向和计划]

努力不是无头苍蝇无休无止的瞎撞，她必须要有明确目标和具体的实施计划。

表妹的初衷是成为一名出色的文案编辑，这应当是她努力的方向。她需要明白成为一名合格的文案编辑需要培养哪方面的素养和才能，自己跟"合格"二字之间还有哪些差距。当这些差距通过学习、借鉴、模仿等各种方式得到弥补后，她是否想从"合格"变成"优秀"，从"优秀"变成"杰出"，这个一阶层一阶层的改变，又需要做哪些努力，自身又有哪些差距。

这才是一个声称"我很努力"的姑娘应有的轨迹。

同样，看看身边那些朋友们，有人想跳槽，那么他有没有问过自己，这次跳槽选择的领域是什么，这个领域需要哪方面的人才，自己的能力跟这些职业需求是否匹配，如果有差距，该从哪些方面着手弥补。有人想深造，那么专业是否确定，学校是否确定，深造入学考试的各科项目中，自己的弱项和强项分别是哪个，弱项如何提高成绩，强项如何保住优势。

我很难想象，一个没有方向，没有计划的努力，到底能否称之为努力。就好像，熬夜发呆、熬夜网游、熬夜看书、熬夜工作，这四个通宵达旦的活着，哪个才能称之为"努力"？

［3. 努力不是耗时间，她有时间成本 ］

世界上唯一不可逆的是时间，她的无情让所有人敬畏，她的无法复制让所有人珍惜。

不要忘了"努力"本身也是需要支付时间代价的。

回想我们读高中的时候，不爱晚自习，但又必须晚自习，那么就戴着耳机低着头，假装在看书学习复习功课。自习结束回到家里，在父母爱的夜宵后，回到房间，一边看着课本，一边满脑子胡思乱想。高中多少个日日夜夜是在这种三心二意中虚度，看起来每日起得比鸡早，睡得比狗晚，但这样能说自己很努力吗？

读大学的时候，每每四六级、考研之前，自习室都是黑压压的一群人，挤得满满当当，看起来都是特别用功的孩子，下了课就来自习，吃了饭就来自习，然后呢？有人面前一边摆着英语单词书，一边摆着漫画书，不知道是左脑背单词，还是右脑读漫画。有人一进自习室就开始趴着睡觉，几个月趴下来，新书也被口水浸成了旧书。有人倒是从早到晚都低着头背单词看试卷，然而，看似巍然不动的身影，看似眉头紧锁的脸庞下，看进去了多少，脑子里又记得住多少？

我真心觉得努力不是跟时间打持久战，似乎谁耗时久，谁就会成为赢家。这哪里是努力，根本就是打着"努力"的口号来一本正经的浪费时间，最后失败了，好像还不是自己的错，而是时光虚度了自己。

[4. 努力的结果哪能立竿见影]

健身房里总会听到人跟教练，或者其他人抱怨说，"我已经锻炼了好几个星期了，怎么还是没有效果，吃这么多苦有什么用！"这个时候就会有好几个人加入到抱怨的阵营，似乎健身房的这些辛苦岁月既让他们得不到想要的瘦瘦瘦，又让他们无缘无故吃了很多苦，流了很多汗。总之一句话，这件事情毫无价值，还不如回家开开心心当一个胖子。

敢情，他们来健身房锻炼，并非是自己喜爱这个运动，而是希望借助短期的受苦受难来实现某个结果。试问，一个人用好几年的时光让自己吃成了胖子，又怎么可能用几天的时光让自己变成漂亮的瘦子呢？

这世上，哪有那么多"不动脑子，不费力气"就搞定的事情。要知道，一件事情，需要攻克很多阶段的难关，需要无数个环节达到完美，才能最终成功。那些抱怨的胖子不明白健身是一个漫长的系统工程，不仅仅需要做运动，还需要考虑训练的项目方式，训练的强度频率，饮食的合理搭配，甚至还包括良好的休息时间。这些方面的综合作用，才会让你拥有健康漂亮的身型。所谓每日跑步机上跑一跑，出一身汗，回家吃一个苹果，就可以在一个月后拥有完美身型的想法，只是能幻觉和欺骗。

[5. 面对热爱，一切努力都是享受]

在我看来，其实所有的努力，都是建立在热爱这个前提下。问问自己，你爱当下拼命去做的这件事？毕竟没有人能够对着一件心生厌恶的事情喜笑颜开吧。

网络上很多朋友发邮件或者私信问我，为什么能够长久坚持做一件事情，为什么能够这么努力去尝试那些看起来很可怕地项目。

面对这些问题，我会很坦然地跟他们说，"我不是坚持，也不是努力，就是很喜欢做这些事情。"

喜欢，才可以甘之如饴；喜欢，才可以全心投入；喜欢，才可以无怨无悔。

在别人的爱情里，常常发生一些让旁观者发出"他们为何要如此辛苦"的感慨，但在真正相爱的人眼中，这些根本不是辛苦，恋人携手度过的每一个艰难岁月都因为爱而显得无比甜蜜。而我做着那些自己热爱的事情，没有痛苦，没有折磨，就是一种享受。

时光如流水，逝去了就无法挽回。因此，只有把它拿来做自己热爱的事情，才是最最尊重的方式。

所以，请收起"为什么我明明这么努力，却依然一无所获"的抱怨吧。请先扪心自问，你为口中的"努力"是否付出了真心和爱，是否有明确的方向，是否制定了实施计划，是否一心一意坚持到底不动摇。当这些答案都是YES的时候，再去思考一无所获的事情吧。

好好想想网络上那句广为流传话吧：以大多数人的努力程度之低，根本轮不到拼天赋。

别把虚荣心等同于上进心

　　上个星期参加同学聚会，大家纷纷说起近况。有人抱怨钱不够花，有人觉得时间不够用，还有人觉得这两样都不够，似乎每个人对现状都不太满意。当问到我时，我微微一笑：我对现状挺满意的，钱多我就多花点，钱少我就少花点，生活嘛没有十全十美的，知足就好。

　　大概我没有和大家一起抱怨生活脱离了群众基础吧。一个女同学尖锐地问我：你之所以能说出这番话，是因为你本身就不缺钱，就好比我，我最大的梦想就是把我孩子送出国去留学，让他出人头地，为此我拼命工作，努力晋升，可即便如此，我存下的钱距离孩子出国还有很大的差距，而你一高兴就可以满世界去度假，如果我是你，不用为孩子的留学费用发愁，可能我过得比你还优雅，你说呢？

　　我的答复是这样的：如果你觉得送孩子出国留学使你非常吃力，为什么一定要把他送出国呢？也许中国的教育是有种种弊端，可国外也不是完美无缺的啊，只要孩子有能力、肯学习，在哪都能出人头地。即使你真的把他送出国了，就什么问题都没有了吗？人的学习不仅仅是学习知识，还有独立的思考能力，为人处世的能力，解决问题的能力，这些学习是一生的过程，更是一种不断进取的生活态度，如果认为只要孩子有了留学背景，未来的人生就一定前途光明，那未免太片面了。其实只要孩子品行端正、习惯良好，他想学什么，在哪里学，都不重要，切莫主次颠倒了。那些有大成就大作为的人，也并不是人人都拥有留学经历的。

她对我的话非常不以为然：孩子的问题我们姑且不论，你觉得你的幸福感是不是建立在物质基础上的？我想了想说：我觉得幸福感关键还是在于心态上。

对于我的回答，她显然很不满意：也许你不肯承认，但是我觉得你的幸福感还是来自于物质。别人用名牌包包时，你不用羡慕，转身就可以去买一个，你家里有保姆，偶尔干干家务那是锻炼自己，难得下个厨，那是陶冶情操。

宽裕的生活才赋予了你良好的心态，假如有一天你发现别人都住着独门独院的别墅里，而你和老公还挤在几十平米的鸽子笼里，当你开着迷你QQ上班时，人家都开着宝马奔驰，从你面前呼啸而过，你心里是什么感想呢？你现在之所以知足，是因为你已经得到，如果你现在拥有的一切都还没拥有，你还会这么说吗？

我肯定地点点头：我还会这么说，其实即使现在你说的这种情况也还存在，当我们开着你觉得挺不错的车时，经常有法拉利和宾利从我们身边呼啸而过，和朋友聚会时，也经常听到人家说在三亚买了一栋价值一亿的别墅，这些东西都是我们望尘莫及的，说实话，心里也会有一丝羡慕的，但是我想得更多的是，比起别人挤公交车上下班，我已经非常幸运了，至于房子豪华与否，只要住着温馨舒服就行。

也许那些住在奢华无比的别墅里的人，还觉得那房子太空旷没有人气，不像一个家呢！很多时候，好不好就在一念之间，并不是拎一个名牌包包，别人就会更尊重你，也不是穿一件几十万的礼服，就能获得更多爱情。没有人会告诉你，因为你穿了一件昂贵无比的衣服，所以我爱上了你。

也许我的话听起来挺像说教的，可事实真是如此。我相信我们与人交往，不会因为对方有很多财富而对他更加真心，反过来也是一样，别人和我们做朋友，和我们拥有多少财富也没有关系，我相信除了少数别有用心的人之外，大多数人还是奉行这种价值观。

她对我的话非常不屑：按照你的逻辑，大家都安于现状好了，一辈子就住在鸽子笼里，买辆QQ开一辈子，这样的人生最淡泊、最知足？

我说：我不是说这辈子别奋斗了，而是说先要有一个好心态，你只有先放平心态，才能享受到更好的生活。

很多人拥有了名车别墅后，为了健康又骑着自行车上班了，当你羡慕别人拥有那么多财富时，也许人家也在羡慕你拥有一个健康的身体。当你羡慕别人房子大时，他在羡慕你一家人其乐融融的吃晚饭。生活是自己的，无须处处攀比。

如果没有一个良好的心态，无论生活到了什么地步，你依然觉得不满足，当你当你开上了劳斯莱斯，你又忌妒家里有直升机的。哪天你真的拥有了豪华别墅，你又羡慕别人可以买下一座岛屿。就算你成了中国首富，还眼红亚洲首富呢。这一辈子哪里还有个头？

对生活有追求是好事，但别把虚荣心等同于上进心，虽说两者都有出人头地的意味，可其实大不相同，一个是临渊羡鱼、不切实际，一个是脚踏实地、心怀大志；一个夹杂着羡慕忌妒，心理失衡，一个是努力奋斗，与之相齐。

生活没有止境，而生命却是有止境的，以有限的生命去追求没有止境的生活，那是得不偿失的，不如好好从现有生活中寻找幸福的源泉。

不去改变，大多只是因为懒

　　明明不喜欢自己的本科专业，考研的时候，为什么没有换一个专业？明明不喜欢自己待的城市，找工作的时候，为什么没有下决心去一个新的城市？明明嫌自己手上的工作内容重复、生活单调，为什么不愿意尝试换一个新的工作？

　　可是，我本科专业直接考研究生比较容易被录取啊。可是，我大学就在这个城市读的，同学朋友熟人比较多啊。可是，换到一个新行业一切要重新开始，起薪和刚毕业的大学生一样哎。

　　我们面临一次又一次选择，我们一次又一次权衡，患得患失，请教师长，遵从内心，但结局总是相似的，我们在一次又一次的选择中，再挣扎，再较劲，终于都依然放弃了hard模式，选择了easy模式。

　　因为生活本身已经很难了，每一次都要选hard模式，这不是和自己过不去吗？但每一次选了easy模式的我们，真的就满意easy模式给我们带来的结果吗，这真的都是我们想要的结果吗？所以，重新开始这事儿到底有多难？

　　去年刚回国的时候，和多年未见的隔壁宿舍M小姐吃饭。M

小姐毕业后在一家著名的车企做品牌公关，在这一行倒也是坚持做了很多年。反正我见到她的时候，我才醒悟到，自己在国外漂了太久，穿衣打扮已经不讲究了很多年，牛仔裤T恤加跑步鞋，出差能直接坐在地上编片子。看到她，我觉得国内姑娘们咋都这么精致，这么美！

那次和她吃饭，她告诉我，她已经辞职了，要去美国读MBA。轻描淡写。我只有惊叹，你怎么这么有勇气？之前的积累，快要得到的manager的位置，统统都不要了？她说，自己只是想要换个环境，重新开始。

当时，听过也就过去了。回家后，我翻看了M小姐的朋友圈。

"经历了半年多的折磨，今天终于逃离了GMAT（经企管理研究生入学考试）。这中间经历了换工作、成绩下滑、疯狂加班、没有任何周末等各种故事，还好信念支撑了我走下去。"

"虽然现在把自己加班到晚上10点然后早上5点起床做复习题这段说出来显得很牛，但这个过程是所有想向上成长的人都要经历的磨难。但是，距离终点也越来越近了。"

"在刚刚过去的8小时里做了下面这些事：下班回家，完成两个学校的网申，洗澡，睡觉，修改PPT和网申。"这条朋友圈，发于凌晨05:32。

这就是答案吧。

重新开始这事儿究竟有多难？漂亮的话，谁都可以告诉你。一切都只是在于我们是否有重新开始的勇气。那么，究竟什么才是重新开始的勇气呢？当我看了M小姐为去读MBA而付出的努力时，当重新开始的勇气被赤裸裸地量化，而不再是句漂亮话时，我想这就是答案吧。

我们愿意花时间心力，还有钱吗？尤其是当这一切花了时间心力和钱之后的结局并不是一个定量。我们害怕重新开始，是因为我们懒得付出，我们怕付出没有回报，所以躲在自己安逸的小角落里，美名曰我们在权衡利弊。可是这个世界上，谁能保证你付出一定会有回报。但是另一件事却是确定的：你不付出，这个世界一定保证你没有回报。

又想起一个同事的故事。一个88年的男生，勤勤恳恳做了五年编辑记者，然后一瞬间，他跳槽去了四大会计师事务所中的一家。当我们都惊呼，一个编辑记者如何华丽转身、能投身会计师事务所做审计时，他告诉我们，是因为在过去的两年里，他读出了一个金融的硕士。

所以，我们看到的只是他很少参加我们晚上的饭局，我们看到的只是他突然就华丽转身去到了一个新的行业。我们不知道的是，那些他没有出现的饭局，他都在默默地上学写作业考试。

其实，很多时刻，我们都想要从头来过，说明我们并不满意现状，并不满意如今的easy模式，或者是在easy模式里待的时间太长了，没有进步，不知道前路应该往哪里走。而大部分的我们为什么没有从easy模式里走出来？答案其实很残酷。我们没勇气跨专业考研等等这一切，我们只是不愿意承认。原因真的再简单不过了，很多时候，我们只是不想努力，不想付出而已。

借口都特别好找，我都快三十了，我不再年轻了，我再去读个书回来怎么样谁知道；互联网行业竞争太激烈了，还是让90后去厮杀吧；还有房贷要还、媳妇要娶，还是别换工作了吧；算了，嫁个好老公比啥都重要。这些也许都是实实在在的理由。

但是我更愿意残酷地相信，在我们做出选择、不去改变的那一刻，我们只是害怕辛苦而已。我们懒，我们害怕辛苦，我们不愿意付出。所以我们注定就这样，永远都给自己找借口，永远都在羡慕别人，永远也不会重新来过。

可是，亲爱的你，下一次，当你再想要问问自己，是否愿意付出时间和心力来做出一点改变的时候。我们一起说，我愿意，好不好？

你的努力是真的努力吗

大学同学跟我吐槽说，"明明我已经很努力了，可是结果出来的时候，还是没能考上我梦想中的学校。"

其实看起来，他真的很努力，每天早上当我们还在睡梦中的时候，他就已经起床去自习室了；每天晚上我们准备熄灯睡觉了，他才拖着疲惫的身体回来；每个周末我们和朋友们通宵达旦玩耍的时候，他还在自习室里和那些艰涩难懂的公式打交道。我想，就是高考，也不过如此努力吧。

这么尽心竭力地去做一件事，可还是以失败告终，听起来真叫人遗憾。

可是我很多次发现，只要班群里一有什么消息，他肯定会马上回应，接着有一茬没一茬地往下聊；好几次我去图书馆看书，都会看到他站在窗边吞云吐雾地刷着手机；甚至偶尔我翻看他的学习资料时，却发现都是大片大片的空白。

我在想，仅仅因为长时间地泡图书馆，把一天到晚的时间耗在那张固定的桌子面前，佯装着自己多努力多拼命的样子，就能让书本中的知识存储在自己的大脑之中，我也很乐意去做啊。

更何况，当别人说考公务员比较有出息的时候，他又放下自己准备好久的考研资料去看《申论》；当知道公务员的竞争比考研要激烈的时候，又转战回了考研大军中；一开始决定要考Ａ校的专业，突然又听人说Ｂ校的专业很不错，转而又信誓旦旦地要考Ｂ校……如此循环往复地纠结和变换当中，时间已经过去了一大半。

毕业的时候，我们都拿到了不同单位的offer，而他因为考研失败，工作还未曾有着落。

他说，"我这么努力，连自己都被自己感动了，可是到头来，却是什么都没得到。"

我说，"那你就再尝试着努力一把，先专注找工作。实在不行，就安安心心地再考一年。"

很多时候，人们都会花大量的时间，看似专注于一件事情，时间多得连自己都相信自己一直在为了这个目标而努力奋斗。其实很多人是因为抵御自己内心的不安和极大的空虚感，或者是因为随大流跟着去完成，才迫不得已倾注了大量的时间。其实在这个时间段里，是否所有的精力都倾注于此，自己也模棱两可。但是只要自己是坐在那里的，看起来是在为这个目标而踽踽独行的，心中就得到了极大的安慰，让自己麻醉自己，也宣告他人，"其实我是在为了这件事而倾尽全力的，你看我花费在这上面的时间就知道了。"

大三的时候，因为前两年的碌碌为无和虚度光阴，我也曾一度感到恐慌。觉得原本应该大学里做些什么事的，可是现在大学已经过完大半了，除了玩和享受生活之外，仿佛根本就没学到什么，这让我沮丧和惴惴不安。

于是在接下来的日子里，我给自己列了一个清单，多达几十项目标。我想，如果在接下来的日子里，我能够把这些事情做完做好，也不枉费了这美好的大学四年。然后我就切身实际地去实行了，找兼职，做家教，买了一大堆书，给自己限定了多久要写完多少字的日期，努力找出时间去和老朋友联系，开始看实用的演讲，努力学习专业知识和英语，买了一大堆与自己专业有关的无关的考证资料，甚至跟同学合伙开店做生意……

我看会儿书，写会儿东西，在网上发布一下兼职信息，然后再看一下考证资料，再做一下英语试卷……时常没有规划地做着这些事情，感觉自己一天到晚已经精疲力竭。一切看起来那么如火如荼，热血沸腾地去做每件强加给自己的事。我想，如此我还不算努力，真的全世界的大学生就没几个是努力的了。

可是那些书到现在有些可能还扔在某个角落里落满灰尘，而我可能都不会去翻看了；限定要写完的字，才写了一半就搁置了；那些联系了一阵子的老朋友，还是在后面日渐淡漠中逐渐疏远了；那些励志的、实用的演讲，看完几集就再也没看过了；专业知识还是中等水平，不上不下；英语也是勉勉强强说出来不算羞赧，但也并不足引以为傲；那些所谓的证书除了专业几个必备或者简单的，其他的就再也没拿下了；开的店面要么是合伙失败，要么是关门倒闭了……

其实这些不是我不努力的空谈，我也很努力地在做啊，我也倾注了很多时间和心血在做啊，我也坚持了至少一年半载啊，但是这些目标最终还是被搁浅了。

真正的努力并不是毫无目的、好大喜功的，它必须有一个主要目标，在主要目标之下还需有次要目标。所有努力的着力点其实是在那个主要目标上。如果那时候的我，专注于看书写字，或许到现在已经至少手握上百万字了，看完上百本书了，也有可能早就出版了自己的第一本书甚至第二第三本；如果那时候专注于考证，虽然不一定能拿下注册会计师，但是至少也能过个几门简单一点的课程；如果那时候把全部心血放在开店上，就不会有内部不团结而导致合伙失败了……

在那段时间里，虽然我看起来忙碌不堪，但是每每晚上躺在床上的时候，我竟不知道自己都忙了些什么，到底于自己何益。我甚至越忙越觉得心里空虚，越觉得坚持的这一切好像偏离了自己原本的方向。可是第二天起床的时候，又重复着前一天的事情。我觉得，只要自己在忙碌着，就意味着自己是在为了未来而努力着。

往往，我们在潜意识里给自己一个很努力的假象，告诉自己，"其实我很努力了，即使将来失败，也怨不得自己，只怪天意如此、造化弄人。"可是我们真如想象中的那么努力吗，真的不是为了给自己、给外界的眼光找个安慰而刻意营造一个忙碌的假象吗？

直到经历了那些失败，经历了之后生活中所受的挫折，我才后知后觉。真正的努力是脚踏实地一步一步去实现目标，并且需要不完成这个目标绝不妥协的坚持和笃定。它可能并不忙碌，但是绝对安稳踏实，绝对坚持不懈，并且绝不浮夸。

梦醒时分

在澳大利亚学习时，我住的公寓离一个著名的海滩很近，我常常会一个人在清晨时去海边散步，感受一下尚处于平静状态的大海。我喜欢那种赤脚踩在沙子上的感觉，喜欢让海风轻拂我的面颊，喜欢听海鸟清脆婉转的鸣叫，更喜欢那时海的宁静与柔情……这时的我仿佛沉浸在一个七彩斑斓的梦里，而且久久不愿意醒来。

黎明前，海与天交接处刚泛出鱼肚白，人们便从四面八方赶来，见证那短暂却辉煌的海上日出，感受着这人世间最为耀眼的美丽。

当很多人为太阳的升起而欢呼时，有一位老人总是面带微笑，不发一语，平静地看着眼前的一切，似乎认为自己早过了那个该为美景惊叹的年纪。

太阳升起后不一会儿，就会变得很刺眼，少部分人开始散去，但绝大部分会选择留下来。观看的对象不再是宽阔的大海，耀眼的太阳，而是人群中那位一起看日出的老人。

老人是位雕刻家，他每天都会来海边看日出，然后在沙滩上雕刻出一些精美绝伦的沙雕。他创作的时候对周围所有赞美的声音都充耳不闻，仿佛忘记了整个世界。他的沙雕造型奇特，其中最令我难忘的是一座17世纪的古典城池，里面有宏伟的城堡、矗立的钟楼、也有普通的民房……一切都是那么栩栩如生，就连细节亦无可挑剔。初次见到这美景的我忍不住惊叹这到底需要怎样的一双巧手才能创造出这样一个完美的世界。

　　遗憾的是，雕刻完成后不久就涨潮了，这个童话般的微型世界就会被一点一点地毁坏掉。首先是城墙，然后是城垛、钟楼、民房，最后就是整个城池。看着这样的美景慢慢地从眼前消失，自己却无能为力，我的内心有一种莫名的忧伤。那感觉就像在美梦将醒的时候，想要去抓住那些美好的梦境而最终却只是忘记得更多而已。有时候，我是多么希望大海永远是宁静的，太阳总是日出时那般绚烂，就像希望这美丽的沙雕能够永恒一样。

　　我不禁为雕刻家感到难过，看着亲手创造出的美从自己的眼前逝去，一定是件非常痛苦的事情，就像我曾经看着自己栽种的昙花开花后花瓣一夜就落下去了一样。然而，我错了。从雕刻开始到涨潮后，雕刻家都是面带微笑，似乎看着城堡消失的过程也是一种享受。

　　"难道您不为您的伟大创作的失去感到可惜吗？"我带着一丝遗憾问雕刻家。

　　"为什么要可惜呢？瞬间的美更让人觉得弥足珍贵，而且失去也是一种美啊！"老人微笑着回答。

　　我疑惑不解。失去也是美？那为什么世间还有如此多的人为抓不住那短暂的美而失望、感伤，甚至是悔恨呢？

　　我曾长久地为此迷茫，也曾一直在得与失中驻足、徘徊。直到多年以后，我才渐渐明白，正如宁静的大海、绚烂的日出、精美的沙雕一样，美的存在是有一个过程的。难舍这些如同梦境般的美景，但是美梦终究要醒来。它们之所以让人觉得美就是因为存在的时间很短暂，就像烟花、彩虹、流星那瞬间的绚烂一样，因为短暂，所以美丽。生活中曾经占有的财富、飞逝的青春、错过的爱情也一样，一个人是不能永远拥有或者保持一切的。对于美好的事物，拥有的时候好好珍惜，不经意间失去的时候我们也可以泰然处之。或许这样，梦醒的时候，我们也就不会为那些拼了命也握不住的东西感到遗憾或者悔恨了。

雨再大，打不湿梦想的翅膀

　　3岁那年，她的父母离婚了。因为家庭的贫困，加上血统的原因，一家人备受歧视。母亲带着她过着四处漂泊的生活，她们因无法支付租金而寄宿在朋友家的地板上。

　　即使是这样，她却从未掉过眼泪。因为母亲曾是一名歌剧演唱家，小小年纪的她受母亲影响，4岁时，就迷恋上了音乐，常常跟在母亲身后学唱歌。

　　上学后的她，学习成绩并不优秀。一次测试，她的数学得了6分，老师当着全班同学的面责备了她，但她却理直气壮地站起来，说："数学对于我没用，以后我要当歌星。"此语一出，立刻遭到了同学们的嘲笑，在同学的嘲笑声中，她紧紧地握紧了拳头。

　　13岁起，她开始了音乐创作，14岁，她找到了几个录音棚，担任他们的后备试音歌手。高中毕业，她不顾家人的反对，带着稚嫩的梦想，到了纽约。

　　刚到纽约时，她只能在酒吧里做招待，与人合租狭小的房子，自己常常在客厅地板上铺一张床垫过夜；她每周常常只能靠一包干酪通心粉艰难度日，在经济极为拮据的几个月，她甚至只能靠附近熟食店老板施舍的硬面包和冰水填饱肚子。

然而她没屈服，在昏暗的灯光下，她不停地写歌，写到手发麻，累得趴在桌上睡着了。她热切地盼望着有一份合约，出一张唱片。然而她跑遍了纽约街头所有的唱片公司，都被拒绝在门外。

18岁时，她终于在一家热门的俱乐部获得了登台表演的机会，她的完美的嗓音和创作才华渐渐为人注意，哥伦比亚唱片公司以35万美元的合约成功将她揽入旗下。35万美元，对于她是一个天价，那一刻，她热泪盈眶。

她很快在公司崭露头角，为公司创下排行榜的十大热门歌曲。她的歌曲也越来越成熟，而形象也变得性感自信，她频频出现在各大杂志的封面。这些杂志认为她在音乐和形象上的转变带动了整个乐坛的潮流，并将此种潮流命名为"蝴蝶效应"。20岁，她就获得了格莱美音乐大奖最佳女歌手，此后的10年间，她在世界音乐大奖、全美音乐奖、灵魂列车音乐奖、美国作曲家协会奖、欧洲音乐白金奖等大奖上收获颇丰。

然而，就在她的事业蒸蒸日上的时候，不愉快的事情发生了。30岁时，她与哥伦比亚唱片公司分道扬镳，只得寻找新的公司，但不幸的是，两年后，新公司也决定终止她的合约。原因是他们认为她失恋后，精神上出现了问题。

那时的她备受争议，然而在低谷中的她没有放弃音乐，她坚信，是蝴蝶，就不怕翅膀上的雨水。

一年后，她与环球唱片公司旗下的Island唱片签下合约。在新公司，她很受赏识，两年后，她凭借新专辑重新回归到乐坛的巅峰。这张专辑的销售量位居当年全球销量第二位，国内冠军。此后她的歌曲一直在各大音乐榜单上排名第一，她的歌曲受到全世界各地乐迷的喜爱，她因此被称为流行乐坛天后。

蝴蝶有一个特点，它的翅膀上布满了鳞片，鳞片中含有大量的脂肪，仿佛给蝴蝶穿上了一件"防水雨衣"。她一直相信自己是一只美丽的蝴蝶，雨再大都不会打湿为梦想而飞的翅膀。终于，她成功了，迎来了自己绚丽的春天，她就是玛丽亚·凯莉。

画出一片未来

　　那天，和一位商界朋友去乡下，给一所贫困学校的学生们捐赠衣物及书籍。孩子们纷纷用自己的方式表达感激之情，有写感谢信的，有做手工的，还有剪纸的。

　　有位小女孩画了一幅画，画很有趣，一棵树上结了许多种水果，有葡萄、苹果、橘子，还有香蕉。朋友问，你吃过这些水果吗？小女孩摇头："没吃过，但妈妈说水果都是香甜的，我画出来的水果也是香甜的。"朋友湿着眼睛说，下次我一定给你带好多水果。女孩不知所措地点头。

　　几天后，朋友决定再去那个村庄看望女孩。我不明白一张画何以让朋友念念不忘。

　　在车上，朋友讲起他的故事。小时候，生活在乡下，因为母亲生病，生活一直很窘迫。三年级时，学校迁到别的村子，需要住宿。学校要求必须先交住宿费及半年伙食费，父亲实在拿不出那笔钱。"不行别念了"，父亲叹气。母亲自责地掉着泪。我委屈地哭着。"实在不行就借点钱吧，先让孩子把书念上。"母亲和父亲商量着。

因为母亲生病经常借钱，亲戚们都知道我家是无底洞，所以父亲带着我一连走了几家，都没有借到钱。天黑时，我们赶到城里一个远房姨妈家。姨妈家正准备吃晚饭，桌子上摆着好几盘菜，有鸡肉、炖鱼、还有炒菜，我暗暗抽动鼻子嗅着香喷喷的味道。

在美味面前，我直勾勾地盯着饭桌咽口水。姨妈很不情愿地拿出几百块钱塞给父亲，然后客气地留我们吃饭。父亲一个劲地和姨妈解释，这次借钱是为了孩子。姨妈漫不经心地拿着盘子，每样菜都拨出一些来端到我面前，我刚想拿筷子，父亲却忙不迭地拉着我，逃也似的离开姨妈家，临走时一再承诺尽快还钱。

那么多好吃的东西没有吃上一口呢，我拼命地挣着身子不肯迈步，父亲气急狠狠打了我一巴掌。我坐在街上放声大哭，哭声引来许多人围观，父亲慌了又不停地哄着我……

住校后，每周都可以回家。那天，走进院子，我看见我家那扇破门板上，有几个红苹果，走近才看清是用红油漆画出来的。母亲说，父亲跟着装修队赶工程极少回家，每次回来都要带几个油漆桶，用里面剩下的油漆，在旧门板上画着。父亲这样做，一来希望自己的儿子好好学习，通过自己的努力来满足愿望。二来也提醒自己要辛苦工作，让儿子过上好生活。

每次回家，我都能在旧门板上看到父亲的画，有苹果、橘子，偶尔还有烤鸡和烤鸭等。那些画毫无章法，颜色也混搭着，有时一条鱼上半身涂黑色油漆，下半身就能涂上红色的。所有的画只能看出大概意思，但每次站在门板前，我都努力嗅着鸡肉的味道，鱼的味道，水果的味道。我那时八九岁，还不能理解父亲苦心，但画出来的美食及想象出来的味道，的确激励着我努力学习。

后来，日子一天天好起来，终于能吃到画在门板上的那些美食时，我已经长大了，也懂得父亲心意。他不会说"不吃嗟来之食"，但却懂得最朴素的人生道理，就是要靠自己去努力，而不是靠别人来给予。

朋友说："我有能力让小女孩吃到画出来的水果，然后再让她明白，只要心存梦想，就没有什么是不能实现的，哪怕只是拥有一个苹果那么简单。"

味道是画不出来的，但画的人若用了心，并寄予希望，那么画出来的作品也就有了灵魂，有了活力，不同画面也就能散发出不同的味道，那是世上最甜美芬芳的味道。

伟大灵魂中的梦想

　　认识小坚是在2009年的秋天。

　　他提着大包小包有些吃力地站在门口，额上汗水淋漓，微喘粗气，显得有些拘谨和无措。后面赶上来的爸爸帮他解了围："这是小坚，暂时和我们住两天，进了厂就行。这是我儿子，小陌。"爸爸指了指我。他清秀的脸稍显红晕，却掩不住他的年轻与羞涩。他轻声地说："你好。"我应了声后想帮他提东西放好，他赶紧推脱："不用，不用，我来就行。"他手臂上青筋暴起，那几个包裹还是挺重的。

　　边走我边观察他，个子不高，身体却壮实，皮肤被晒得黝黑，典型的农村小伙子。爸爸是个热心人，这些年介绍了不少年轻老乡进厂打工。以往的那些同乡人，基本上都是因为无心向学，在学校实在待不下去才出来混社会的，身上多少带点不好的品行，小坚却给了我异样的感觉。

　　小坚今年18岁，与我同龄，家住邻村。我对他的年轻感到吃惊，还有默然。人生际遇不同，我还在求学，小坚却已踏入社会。

等小坚放下行李，我问他为什么不继续读书而出来打工了。他给出的答案和以往的同乡人如出一辙，不想读了，就出来了。可他又说道："这不是过了九年义务教育么？家里负担太重，才出来的。读了九年多，也足够了。"

小坚的行李很多，连被子也带来了。我看着奇怪，他说："家里有，放着也没人用，带来也不麻烦。小陌，家乡的特产。"他投过来两个橙子，薄皮多汁的廉江红橙。

第二日，我带他去医院体检。他沉默少言，偶尔笑笑也短暂。看起来像思索着什么。我跟他谈话，他也回答简短。一路上他盯着那些泛黄的树叶，还有来往的车辆，表情平淡。到了医院，他对流程比我还熟悉，原来他每个寒暑假都外出打零工。令我吃惊的是他的字极美，"你的字好漂亮啊，我的就见不了人。"他难得一笑，看来也认同，道："只要功夫深，铁杵磨成针，你也可以的。"但他脸上的自信一闪而逝，口气沉了下来："但，这有什么用呢？"他心中的惆怅我明白，这有什么用呢？

小坚并不像以往年轻的同乡人，他没有吸烟酗酒的不良习惯，待人礼貌，特别敬业。我们同龄，但他所展现的成熟性格令我既惭愧又佩服，处事经验与我更是天壤之别。

小坚进了工厂，见面的机会就少了。大概一个月后，小坚带着水果来探望我们。这次见他，他脸上的笑容多了些，跟我们说说笑笑。事后，爸爸说，小坚是来还钱的，原来他来这里的路费、食宿费等各种费用都是爸爸先垫付的。爸爸说小坚在厂里做事十分认真，好学，又不嫌累，所以他的奖金多。

小坚生活十分节俭，平日里都穿着工作服，很少见他穿自己的便服。天气渐凉，他衣着依然单薄，他说："后生仔嘛，耐冷！"他的笑容看起来很真诚。直到元旦，我才看见他穿了一件新的外套，街边有很多卖的，不贵。

一段日子下来，小坚的样貌看起来成熟多了，脸上也多了几分凌厉、帅气，但手上有明显的肉茧，想象不出这手能写出极漂亮的字。

他家里有两个还在上学的弟妹，花费大，他父母没多少知识，靠着种田维持家里开销。小坚把大多数的钱都寄回家了，只留给自己一小部分。小坚说他有一个梦想，就是希望弟弟妹妹都能上大学。我明白，他内心是多么地向往大学，但他已经没希望了，他不得不把这种梦想寄托在比他年幼的弟弟妹妹身上。

再过些日子，新年就要到了，我们和小坚结伴回家。在长途汽车上，他有说有笑，显得非常开心。一打听，原来他因为工作优秀，年终奖多了不少。他不厌其烦地计划着剩余钱的用处，比如给父母和弟弟妹妹的礼物。最令小坚高兴的是，他说这样下去，过两年就可以给家里盖一个新房。

　　小坚家的确破旧，一间低矮的瓦房屋像是沉暮的老者匍匐着，似乎摇摇晃晃。我无法想象，小坚的18年来就在这里长大、生活。他家里人都十分热情，非留我们吃完午饭再走，盛情难却，我们便坐了下来。屋里的一切因光线不足而显得阴暗，唯有墙上满满的奖状显得格外夺目耀眼，我浏览着这些颁发给小坚的奖状，心中惊叹不已。

　　饭后，小坚坚持送我们到路口，直到我们说够远了，他才停下回去。我回头看着他坚毅的背影，突然感觉到，一个高傲伟大的灵魂在这个小小的身躯里，撑起他的坚强，撑起他的梦想。

常宝送给我的宝藏

很多次，我拿着一本书，靠在街的转角，眼睛紧紧地盯着街对面烧烤摊前跳舞的哥哥。他的衬衫白得晃眼，黑色小马甲墨一般，配着一顶西部翻边牛仔帽。他的眼神清亮，在夜色渐浓的晚上，萤火虫一般让我意欲捕捉。

我喜欢他一边随着劲曲舞蹈一边投过来的热烈眼神，他大声问，小妹，想吃点什么？我想给他我团在裤袋里的已经皱得快破掉的纸条。上面有一句话，我可以认识你吗？我不知是如何在接过他烤肉的瞬间把纸条塞在他手里的，我紧张地看着他，我看到他摊开了手掌，几秒钟后又迅速地合上，他把它塞在了裤袋里，对我做了个OK的手势。

第二天，他把肉串和卷起的一张纸一块递给了我。那张纸上是很难看的字迹。上面说，我叫常宝。我只念了小学。你快上大学了吧？真羡慕你啊。不过我也不错，我是生意人哩。你要好好学习啊。前言不搭后语的纸片背后写着手机号码。

转头看他，烟雾里，他是那么灵动帅气。我开始更频繁地写纸条给常宝。

夜市散场，我躲在一棵树后面，打他手机。我说我们见见吧。他说，小妹，不要了吧？我说要。

我随他去他在夜市街尽头一间很小很小的房子，我坐在他很干净的床上，仔细地看他不被那些烟雾包裹的脸。他拼命看我一眼，就把头扭开去，完全没有一边烤肉串一边舞动时的洒脱了。

空气很快就不流动了。我对常宝说，我爱你。

常宝拿出抽屉里一本破旧的本子，上面歪扭地记着一些可怜的收入，有一部分收入被划掉了，在后面括弧里写着英语培训班600元，电脑速成班500元。我疑惑地看着常宝，常宝冲我眨眨眼，俏皮地说，我是生意人哩，将来我也要做大生意呢。

看到常宝的账本，我突然流下了眼泪。是的，常宝挂怀的却是我想要抛却的，我为常宝而感动。他貌似卑微地做着小本生意，但他却有梦想，就像一棵卑微的小草也怀有梦想的种子，无论身处多么恶劣的环境，一旦破土发芽，就会势不可挡，茁壮成长起来。

父母的离异，让本来就很叛逆的我更加叛逆，我想以一种最直接的堕落方式来打击报复他们，我选择了生活在社会底层的常宝。在我的潜意识中，这个小男人应该是无比惊讶无比欣喜，可那个晚上，坐在常宝干净的床边，看着常宝那个皱巴巴的本子，我得到了他带给我的一生的宝藏。

那晚过后，我再也没找过常宝，而常宝也没来找过我，我知道他希望我安心学业，不要放弃。

我终于读了大学，离开小城。在异地他乡，我想起了常宝。他白衬衫，黑马甲，卷边的牛仔帽。我不明白，那时，同样青春年少的常宝，面对我灵魂深处的火热，他真的没有动心吗？可不管怎样，我得到了常宝送给我的宝藏，我想，那是天使送给我的礼物。

请诱之以美梦

　　一位经理很郁闷："我刚成立了一个公司，现在十分缺人，尤其缺做管理的。很多朋友都劝我去别的公司挖人，你觉得这个建议可行吗？"

　　这个时候，高薪引诱是常见的招数，可一旦别家出价更高，人才就会跳槽。西方有句谚语，上帝在为你关闭一扇门的同时肯定会为你开启一扇窗，这话用在此处再贴切不过。走不通"高薪门"，不妨走"梦想窗"。

　　马云在酝酿成立阿里巴巴时，支持他开公司的只有他太太。马云虽然很激情，但他也明白，俩人合伙搞个小餐馆还行，开公司就有点"调戏"国家政策了，毕竟那时候国家规定公司最低也要五人起步。可怎样才能让其他人加入阿里巴巴呢？给钱？开玩笑，万元户能够几个人分啊？给官？别逗了，一个班上就俩人，榜眼和倒数第一有啥区别？求情？即使求来了信任，能求来尊重吗？

　　这些招都不行，难道就这样放弃梦想吗？马云最终找到了有效的解决方式：给别人说梦，然后让他们与你一起做梦，最后共同拥抱梦。

掌握方法后，马云开始不断地拉人入梦。在梦想的引诱下，阿里巴巴"十八罗汉"逐渐成形。他们其中有的是在广告公司上班，幻想去马云那里拉生意，结果生意没拉成自己却入了伙儿；有的是记者，在采访马云后辞职入伙……这些人聚在一起不为别的，只为"让天下没有难做的生意"。为了实现这个梦想，在很长一段时间内他们都甘愿忍受着月薪五百、天天泡面的生活。一分耕耘一分收获，马云最后也没辜负他们的信任，至今"十八罗汉"个个身价过亿。

透过阿里巴巴的例子可以清楚地感受到，挖人不如诱人，诱人莫若诱梦。人因为梦想而伟大，当然也会因梦想而入魔。并不是所有的梦都是美好的，比如希特勒那样的人就是专门诱人做噩梦的。所以，还要补一句：诱梦要诱得光明，诱得坦直，诱得坚定，诱得强烈。要不，跟你做梦的人不会那么多，他们的梦也不会那么美。

诱之以利不如诱之以梦，且当诱之以美梦。

奔向月亮

她出生在苏北农村，家里有四个孩子，生活非常拮据。

上学时，因为年龄最大，所以农忙时节，她经常被老师叫去帮忙干活。她喜欢这差事，因为老师家里有台黑白电视机。干活的间隙，老师会善解人意地打开电视让她看。

一天，她在老师家的电视里，看见了一排外国人在跳芭蕾舞。那些美丽的姑娘，穿着梦幻一般的白纱裙，头昂得高高的，跳着梦幻一般的舞蹈。她傻了，觉得自己的眼睛热热的，喉头颤动——她想：如果我也可以穿着那样的白纱裙站在舞台上跳舞，那么我这一生就算值了。

老师告诉她：那是芭蕾舞，是需要从很小的时候就开始压腿、下腰训练的，你这样的已经不行了，骨头都硬了。她不死心。天天起个大早，把自己的腿架在门口的石墩子上拼命往下压，疼得直咧嘴，眼泪都出来了。她强忍着，照练不误。

她喜欢自己有一个不同凡响的梦想，喜欢自己和别人不一样，尽管因为这个梦想，她被那些女孩子孤立，也被大人们泼冷水。

16岁的时候，她已经出落成一个身材修长、腰肢柔软的美女。长长的头发像舞蹈演员一样梳得光光的，在脑后绾成一个髻。和同村的那些女孩子站在一起，她鹤立鸡群。

初中毕业，父亲不让她再读书。于是，她在17岁那年去了上海，因为她打听到上海有一个芭蕾舞团。

她径自找了去，对传达室的大爷说，我想在这里找一份工作，做什么都行。大爷问，为什么偏偏要在这里工作。她说，因为这里可以看到芭蕾舞。大爷委婉地拒绝了她，她失望极了……正在这时，团里的一个舞蹈家路过。舞蹈家听大爷讲了事情的原委，问她说，我正要找保姆呢，你愿不愿意干？

她抽噎着抬起头，泪眼迷蒙中看见眼前的女人有着修长的脖子和光光的发髻。和电视里的那些芭蕾舞演员一样——做不成芭蕾舞演员，能够和芭蕾舞演员一起生活也很好啊。她点头答应。

舞蹈家每天都要在家里练功，知道她爱芭蕾，允许她在旁边观看。心情好的时候也教她几个动作，并告诉她：如果活儿都干完了，可以在这里练功。她满怀欣喜和感激，对舞蹈家的孩子愈发尽心尽力。

孩子入托以后，舞蹈家给她报了一个自费的英语大专班。她本来排斥，只想练舞。舞蹈家告诉她，要想在这城市立足，就得有一技之长。学习之余，她依然每天练功。殊不知，她捧着书独自走在林荫路上的美丽身影，成了校园里的一道风景。

班里有个男孩，家境富裕、为人温厚，是女生们心仪的对象。可是，自从他在学校元旦晚会上看她跳过的芭蕾舞之后，便对她念念不忘。

大专班结业之后，她和男孩结了婚，他们在浦东买了三室一厅的房子，她把其中一个房间装修成练功房。她终于可以在自己的房子里穿上美丽的白纱裙和舞蹈鞋，尽情地、自由自在地舞蹈，身边永远有一道欣赏的目光。

而在家乡，和她同龄的那些女孩子，那些曾经嘲笑她的梦想的女孩子，要么还在务农，农闲时打打麻将；要么在城里打工，住在城市边缘的简易平房里，和小菜贩们为五毛钱一斤的鸡毛菜讨价还价……

这是一个真实的故事。故事里的她，是我的姨姐。

她今年快40岁了，依然没有实现自己最初的梦想。但因为这个梦想像夺目的钻石一样始终闪烁在她的正前方，让她不懈怠、不沉沦，引领她向上、向上……

向着月亮奔跑，即使够不着月亮，但至少能成为繁星之一。

梦想从什么时候开始都不晚

想干什么，就开始动手专心地做吧。不要迟疑，不要考虑成功和失败，一心一意把事情干好。

梦想谁都买得起

　　1961年的那个冬天，对他来说很寒冷，作为卡车司机的父亲出车祸失去一条腿后，家庭失去了经济来源。每天餐桌上，都是母亲捡来的菜叶和打折处理的咖啡，餐餐难以下咽。

　　失去工作的父亲，一同失去了生活的信心和勇气，每日借酒消愁，变成了一个酒鬼。只要他稍不听话，父亲便大发雷霆，挨打就像是家常便饭。

　　12岁那年的圣诞夜，家家灯火璀璨，美食飘香。唯有他的母亲因借不到钱而愁眉不展，父亲大发雷霆，骂他们都是笨蛋。无奈的母亲，只得驱赶他们到街上玩。肚子饿得咕咕叫的三个孩子，发现一家商场门口的促销商品琳琅满目。一个念头瞬间在内心产生，他让弟弟妹妹先回家，而自己一直注视着那包装精美的咖啡，他太想让父亲开心一下了。

　　瞅准时机，他快速拿起那罐咖啡塞到棉衣里，却不巧被店主看到。店主大声喊着抓小偷，他撒腿就跑，回家将咖啡送给了父亲。父亲很开心，打开那罐咖啡，香浓的气味飘逸而出。还没来得及品尝，店主追到了家里，事情败露之后，他遭到一顿毒打。

　　这个圣诞节对他来说是刻骨铭心的。痛苦的滋味，让他发誓努力奋斗，一定要买得起上好的咖啡。为了减轻母亲的负担，他放学后去小餐馆打工，早上送完报纸再去上学。微薄的收入还有一部分被父亲偷去买酒，这让他对父亲的惧怕改为厌恶，他们之间很少说话。

　　此后的日子，他为皮衣生产商拉拽过动物皮，为运动鞋店处理过纱线，打过无数零工，只是和父亲的矛盾却一直未变。磕磕绊绊中，他以优异的成绩考上了大学。

　　家里贫困如洗，父亲坚决反对他去上大学，要他去打工挣钱。他咆哮着说："你无权决定我的人生，我才不要过和你一样没有梦想，毫无动力，朝不保夕的日子，我为你感到可耻。"

　　他进入了北密歇根大学，为了节省路费，上学期间他从没回过家，所有的节假日都在打工。他每个月都给母亲写信，却从不问父亲的状况。毕业后，他成了一名出色的销售员，拼搏努力的原因，只是想向父亲证明自己的人生选择没有错。

　　那一年，他挣到一笔可观的佣金，破天荒地给父亲买了箱上等的巴西黑咖啡豆。他以为父亲会很开心，谁知，却遭到父亲的讥讽，他说："你拼命上学，就是为了买这上好的咖啡？"为了不被父亲看扁，他决心做出更大的成就来刺激他。

　　那一天，母亲打来电话，说父亲想他了，想见他，他从没想到父亲能说出这样的话，当时正忙着和一个客户谈判，于是他拒绝了母亲。两个星期后回家，才得知父亲已经过世了。后来整理父亲遗物的时候，发现一个锈迹斑斑的咖啡桶，他认得那是12岁那年偷的那罐咖啡。盖上有父亲的字迹：儿子送的礼物，1964年圣诞节。里面还有一封信，上面写着："亲爱的儿子，作为一个父亲我很失败，没能提供给你优越的生活环境，但是我也有梦想，最大的梦想就是拥有一间咖啡屋，悠闲地为你们研磨冲泡香浓的咖啡。这个愿望无法实现了，我希望儿子你能拥有这样的幸福。"

昔日的打骂成了珍贵记忆，悲伤顿时占据了整个心灵。妻子雪莉鼓励他说："既然父亲的愿望是开间咖啡厅，那么我们就替他完成愿望吧！"凑巧的是，西雅图有间咖啡馆想要转让，他毅然辞去年薪7.5万美元的职位，承包下了那家咖啡馆，并用短短20几年的时间，从一个小作坊发展成为跨国公司。

这就是日后驰名全球的星巴克，而他就是那个用行动买梦想的穷孩子舒尔茨。谁努力，上帝就偏爱谁。只要你肯努力，无论多昂贵的梦想都能买得起。

安可的梦想

　　这个世界上没有什么梦想是荒诞的，只要坚守信念，努力追求，再荒诞的梦想也会变成现实，哪怕是像用牛奶做衣服这样听起来简直不可思议的事情！

　　28岁安可·多玛斯科是德国汉诺威市一家小型服装厂的普通设计师，虽然她努力地工作着，但她总觉得这样碌碌无为的生活并不是自己所要的，怎么样才能使自己的命运拐弯呢？安可为此伤透了脑筋。

　　去年初的一天，安可起床后开始吃早餐，在打开冰箱取牛奶的时候，她不经意地留意到洒落在冰箱玻璃隔层上的牛奶中，带着一丝丝的"纤维"，这让安可突发奇想：能不能从牛奶中提炼出牛奶丝来？如果可以的话，是不是能够用来纺织成面料做衣服？安可觉得，如果这件事情可以成功的话，就是一项了不起的创新，远比日复一日地做着那些稍纵即逝的设计更有意义！

　　安可很快来了兴致，她开始买回一些牛奶成天做实验，同时还不断地进出附近的图书馆和生物研究所，有时候甚至在工作的时候也会分心走神，正因如此，她在服装厂里的表现越来越差，老板找她谈话了解情况，当得知安可正在打牛奶的主意时，他不屑地说："你头脑发热了吗？你不会觉得这样的念头太荒诞吗？我要求你立刻停止那些无聊的研究，全身心地投入到工作当中来！"

安可对老板说，如果她真的可以成功，他的服装厂也将成为受益者，可是老板却说："我并不需要你的创新，我甚至可以断定你的研究只有一个结果，那就是失败！"最后老板还警告安可说，如果她再不放下那些所谓的研究，就把她开除。

然而，安可却没有因此而放弃自己的想法，她觉得老板并没有从事过这方面的研究，他的判断不能代表任何东西，所以安可依旧坚持着自己的梦想，终于有一天，老板实在受不了她在设计工作上的表现，真的给她下了解雇书——把安可开除了！

被解雇后的安可反而落得清静，再也不用看老板的脸色了，也再不用受工作压力的打扰了，她全心全意地把精力都投入到了牛奶丝的研究当中去。让所有人都没有想到的是，半年后，安可真的从牛奶中提取出了"牛奶丝"，这种牛奶丝由高浓缩的牛奶酪蛋白制成，是世界上第一种完全不含化学成分的人造纤维。酪蛋白从干奶粉中提取出，在一种类似于绞肉机的机器中和其他几种天然成分一起加热，牛奶纤维成股涌出，在纺织机中纺成纱。牛奶丝布料感觉像丝绸，但没有味道，洗涤也没有特殊要求。而且它是纯天然的。制作一件纯"牛奶衣"需要6公升牛奶，成本在150欧元（合199美元）至200欧元之间。虽然价格昂贵，但"牛奶衣"不会过期，在加热过程中，分子的结合使蛋白质不会分解。"牛奶丝"布料属生态纺织品，其中所含的蛋白质的氨基酸具有抗菌、抗衰老功效，还有助于改善血液循环、调解体温。

安可很快带着自己的成果找到了德国著名的MCC时装公司，结果她的牛奶丝面料让MCC公司非常赞赏，双方很快开始合作生产牛奶布料并应用于时装系列，第一批牛奶丝服装一问世，就被米莎·巴顿和阿什莉·辛普森等一批著名影星定购，而安可更是把牛奶丝面料设计成了一个全新的服装系列。短短一年时间，安可的牛奶衣就革新了德国顶级时尚风潮，她本人也由一名小小的服装设计师成了一家著名服装公司的设计部经理兼董事成员之一。

"这个世界上没有什么梦想是荒诞的，只要坚守信念，努力追求，再荒诞的梦想也会变成现实，哪怕是像用牛奶做衣服这样听起来简直不可思议的事情！"前不久，德国《时尚》杂志围绕牛奶丝对安可进行了采访，面对记者，安可发出了这样的一番感叹。

总统的匠心

　　他是一位贫苦而又聪明的巴西小男孩。13岁那年，他拜街头修鞋师傅为师。按照约定，学徒期一年。可是，不到三个月，他就熟悉了修鞋的基本要领。于是，他便向师父提出要独立门户。

　　师父看他去意已决，便送给他一套工具，说："要是遇到什么难事儿，尽管来找我！"他表面上应酬师父，心里却很不服气。不就是修鞋嘛，这么简单的手艺，怎么可能有难事儿呢？

　　他挑着师父送给他的工具，在集市的另一头摆了一个修鞋摊。那些年物资匮乏，一双鞋往往是修了又修，补了又补。因此，他刚支好摊位，生意就来了。他一边招呼客人，一边干活。他人小，热情，收费低，很快在街头立稳了脚跟儿。甚至，他还把师父的一些老客户给拉了过来。

　　三个月间，他忙着修鞋挣钱，几乎把师父给忘记了。虽然，他与师父的摊位相隔不到2里地，可是，他从来没有去找过师父。偶尔，他想起师父那句话，心里还禁不住暗暗发笑：修鞋还会遇到难事儿？

　　这天，一位时髦的女孩儿提着一双红皮鞋来到他的摊位上。

这双皮鞋刚买来不久，连色泽都没有变。可是，鞋面上却不小心被刀子割了一个口子。女孩把皮鞋放到他的面前，说："钱的事儿好说，但是，你一定要修补好，不要让人看出这是一双修过的鞋子！"破了就是破了，哪能修成没有破的样子？他刚想拒绝，女孩转过头，一溜烟儿走了。

女孩走后，他琢磨了很久，就是找不到合适的办法。无奈之下，他只好去找师父。师父接过那双鞋子，看了看，从货箱子里找出一块儿黄色的皮子，用剪子咔嚓咔嚓地剪着。不一会儿，两朵黄色的牡丹花便呈现在师父的手里。接下来，师父把一朵牡丹花粘在鞋子的破口处，把另外一朵牡丹花粘在了另外一只鞋子的相同位置。

他看得目瞪口呆。因为，修补好的鞋子，真的像新的一样，甚至更添了几分美感。他对师父说："这可真是独具匠心呀。你是怎么想到的？"师父看了看他，慢慢地说："唯有虚心，才有匠心呀！"那一刻，他的脸一下子红了。

那个小鞋匠的名字叫卢拉。自此，卢拉记着了师父的话，始终把谦虚谨慎当做自己的人生信条，并最终登上了巴西总统的宝座。2006年，卢拉再次竞选成功，成为巴西第二位直选连任的总统。

投资梦想

　　玛蒂卡·安德鲁获得"世界上最伟大的女推销员"这个荣耀的称号时才13岁，而这一切开始于一个炙热的愿望。

　　玛蒂卡生活在一个单亲家庭。在玛蒂卡8岁时，父亲离开了她和母亲。母亲把她带到了纽约，然后在一家餐厅找到了一份做服务员的工作。她们的愿望是环游世界。"我会努力工作，赚够钱送你上大学。"一天，母亲对她说，"等你大学毕业后，赚了足够的钱，你就带上妈妈去环游世界。"

　　13岁那年，玛蒂卡在她订阅的《女童子军》杂志上读到一则消息：推销出最多女童子军饼干的推销员将获得双人全额周游世界的机会。玛蒂卡决定尽她所能去推销女童子军饼干——成为推销冠军。

　　但是光有愿望是不行的，玛蒂卡知道要想愿望成真，必须要有一个完整的计划。"要穿上职业服装。"她的姑姑建议她，"你做生意，就要穿得像个生意人。穿上你的女童子军制服。每天下午四点半或者六点半，尤其是星期五晚上，你就到生活区去敲门。要一直保持脸上的笑容，无论他们买还是不买，都要有良好的服务态度。并且不要请求他们买你的饼干，而是邀请他们投资你的梦想。"

大多数的女童子军也许也想得到环游世界的机会，大多数人也许也已经制订了计划，但只有玛蒂卡在每天放学后脱下她的校服，穿上女童子军饼干推销员的制服，做好邀请的准备——不断地邀请人们投资她的梦想。"嗨，我有一个梦想。我正在通过推销女童子军饼干为我和我的妈妈赢取一次环球旅行的机会。"每敲开一扇门，她都这样说，"您乐意为我投资一两盒饼干吗？"

那一年，玛蒂卡卖出了3526盒饼干，赢得了环球旅行的机会，同时也赢得了"世界上最伟大的女推销员"的称号。此后，玛蒂卡的销售业绩节节攀升，到18岁时，她一共卖出了42000箱的女童子军饼干。她在销售集会上的演讲传遍了整个国家，迪斯尼公司把她的经历拍成了电影，并根据她的推销经历与经验出版了一系列的畅销书：《如何售出更多的饼干》《如何售出更多的楼盘》《如何卖出更多的凯迪拉克》……

玛蒂卡并不比其他的千千万万怀有梦想的人聪明，他们之间的差别就是玛蒂卡发现了推销的秘密：邀请，邀请，邀请。大多数人甚至在他们开始前就失败了，是因为他们败在不敢于要求他们所想要的。我们中的许多人早在别人给予机会之前，就放弃了自己和自己的梦想，无论我们在推销什么。

每个人都是推销员。"我们每天都在推销自己，向你的同学和老师，向你的老板，向你遇到的陌生人。"玛蒂卡在14岁时这样说，"我的母亲是一个服务员，她每天推销的就是餐厅的特色菜。竞选市长和总统的大人物为了拉得选票也在推销自己。在我看来，推销无处不在。推销是这个世界的一部分。"

有一次，在一个电视节目上，制作人决定给玛蒂卡一次最难推销的挑战。在节目上，玛蒂卡被要求向一个陌生的客户推销女童子军饼干。"您愿意投资一两盒女童子军饼干吗？"她问道。

"女童子军饼干？我不买任何女童子军饼干。"那人答道，"我是联邦监狱的监狱长。我每天面对的是数百名强奸犯、抢劫犯、诈骗犯和虐待儿童的人渣，我不需要这些。"

玛蒂卡镇定地迅速反攻："先生，如果您买下这些饼干，也许您的脾气不会那么暴躁，不会那么容易生气，工作时的心情会好许多。并且，先生，我认为给每个犯人都带点饼干回去也是一个不错的主意。"

监狱长两眼盯着玛蒂卡。十几秒钟后，监狱长从口袋里拿出支票本，开了一张大额的支票。演播厅里响起了经久不息的掌声。玛蒂卡的脸上又露出了胜利的笑容。

你需要有勇气去要求你所想要的，但勇气不等于不害怕。而是尽管害怕，仍然有勇气去完成必须去做的事情，就像玛蒂卡发现的一样，你请求的次数越多，你就越容易得到你想要的东西。

石头的愿望

　　薛瓦勒是法国一个偏远乡村的邮递员。虽然他工作辛苦，工作微薄，但他每天都勤勤恳恳地工作，总是及时把信送到别人手中。有一天，他在山路上被一块石头绊倒了。他发现绊倒他的石头形状很特别。于是，他就把石头放在顾自己的邮包里。

　　当他把信件送到村子里时，许多人发现他的邮包里除了信件，还有一块沉甸甸的石头。大家都觉得奇怪，问他为什么要带一块这么沉的石头。薛瓦勒取出石头，对人们说："你们看，这是一块多么美丽的石头啊！"

　　大家听到他这么说，都取笑他："这样的石头山上到处都是，你带着这么沉的石头到处走，多累啊，还不如把他扔了呢！如果你想要捡这样的石头，山上的石头足够你捡一辈子了。"

　　薛瓦勒完全不理会别人对他的取笑，他把那块美丽的石头看得更重要了。他晚上回到家，躺在床上，脑海里忽然冒出这样一个念头：要是我能够用这样美丽的石头建造一个城堡，那该有多美啊！

　　从那以后，薛瓦勒就开始每天在送信之余，总会带回一块石头。过了不久，他收集了一大堆千姿百态的石头。可要建造一座城堡，这些石头还远远不够。

薛瓦勒意识到，每天收集一块石头的速度太慢了。于是，他开始用独轮车送信，这样每天送信的同时，他可以推回一车子石头。

薛瓦勒的行为在人们看来简直是疯了。无论是他的石头还是他的城堡，都受到了人们的嘲笑。可他丝毫没有理会人们诧异的目光。

在二十多年的时间里，薛瓦勒每一天都找石头、运石头和搭建城堡，在他的住处周围，渐渐出现了一座又一座的城堡，错落有致，风格各异。有清真寺式的，有印度神庙式的，有基督教堂式的……

1905年，薛瓦勒的城堡被法国一家报社的记者发现并撰写了一篇介绍文章。一时间，薛瓦勒成为新闻人物。许多人都慕名前来观赏薛瓦勒的城堡，甚至连当时最有声望的毕加索大师都专程赶来参观。如今，薛瓦勒的城堡已经成为法国最著名的风景旅游点之一，被命名为"邮差薛瓦勒之理想宫"。据说，城堡入口处就是当年绊倒薛瓦勒的那块石头，石头上还刻着一句话：我想知道一块有了愿望的石头能够走多远。

你的心能够走多远，你的脚就能够走多远。如果你把自己的心灵禁锢起来，那你的脚步就会停滞不前。世上没有做不到的事，只有不敢去设想所以不能实现的愿望。因此，不管前方的道路是多么崎岖坎坷，只要你能坚持不懈，就一定能够走出美好的未来。

我喜欢跟梦想死磕的人

　　上初一的时候，有个同学跟我玩得最好，我们每天一块疯。一天我去他家，看到卧室墙上贴着张纸，写着我们班成绩排名，我第三，他第十几，一个箭头从他名字出发，画了条弧线然后对准了我，我当时太过幼小，对此没有任何反应。一个学期后某天，班主任宣布我这个同学考了全年级五个班总分第一。那个瞬间对我的震撼是空前的，我被一块玩的哥们直接击倒，而且站到一个我望尘莫及的位置。虽然后来他又下来了，但从此"在我心里越发高大起来"。

　　我还有个同学，也玩得不错，初中全混过去了，考高中才考一百多分，他在我们那个小城没任何背景，他一直硬着头皮挣扎，除了不参加黑社会，其他活全干过，重体力工人，开录像厅，搞传销，给老板开车，拉我一块批发黄片差点被逮住，骑摩托车摔破头没钱包扎，用传销的产品糊到头上。后来帮人办证，再后来，办修车行，办驾校，买车，买房子，再买房子。现在想起来他的苦日子，我还能想起《英雄本色》里的小马哥，那个小城根本配不上他。

还有一个同学，只对数理化感兴趣，小宇宙十分强大，高中把大学的课都自学完了，就是不学政治之类，没考上大学，上了本地一个专科，两年后专升本，两年后上研究生，又三年成理论物理博士，现在快当教授了。

大学时，有个哥们在我们班旁听过，说一口听不懂的方言，毕业后我们各有去处，也不知他在哪里晃荡，一天在北京见他，成了推销员，正在推销奶糖，还让我吃了两颗，然后又没了消息。再过几年，有人说，他后来推销户外广告发了财，开着宝马做生意。

不用再举更多例子了，他们肯定也存在于你的身边。当我一天一天地过日子，我的这些同学，每天都在跟自己死磕。我也常励志，设想如果天天跟自己较劲，肯定能做出很多事，这些事做出来一样能改变中国当代史。但是，在我的人生道路上，遍地都是烂尾楼，因为总不愿把自己置之死地，让自己舒服不是人生理想，却是每天的第一任务，找各种变态的理由灌输给自己，其实心里为根本不去做而自卑。也由此，作为听天由命的人，我对各种特想不开的死磕型人才敬重有加。

我喜欢所有跟梦想死磕的人，这个国度需要评论转发型人才，而埋头死磕型更值得关注，因为他们更有价值。无论是跟政府、时代还是跟命运、自己死磕，只要付出了难以想象的努力，都可称得上有英雄气概。

与梦想为邻

在这座寸土寸金的城市按揭了一套房子，请了一个小公司简单装修了一下，就住了进去。早上，开门去上班，恰好对面的门也开了，露出一张年轻的脸。似乎在哪儿见过，但一时又想不起来。反倒是对方满脸堆笑：是您呀，世界真小，我们以前就做过邻居的呀。

他这一提醒，我的记忆马上复苏，回到8年前。那会儿我刚大学毕业，在城中村租了间只有十来个平方米的小房子。不久，他搬进了我的隔壁，一间一天到晚都见不到太阳的黑屋子。他早出晚归，偶尔碰见，会马上满面笑容地主动朝你大声打招呼。经常晚上很晚的时候，还看见他的屋子亮着灯。

和房东聊天，知道了隔壁的他姓田，18岁，来自陕西一个最穷的小地方，家境不好，没上过几天学，现在好像是一家小公司的最底层销售员。房东还说，小田租的是最小、最黑、最便宜的一间，一个月才30块钱房租。

一晃几个月过去。一天晚上回来，却发现小田已经搬走了，房子的门敞开着。

我怀着好奇之心走进去。房子只有五六个平方米，长时间不见光，有点发霉的味道。白白的墙上，东南西北四面各贴着一幅字，分别写着："信念"、"梦想"、"勇气"、"成功"。毛笔写的，字很一般，想必是小田自己的涂鸦之作。在灯开关的上方，端端正正地贴着一张纸，第一行写着大大的"我的计划书"5个字，下面一段是：我要成为中国的乔·吉拉德（美国汽车销售之王）和原一平（日本销售之神）。2002年年底，我的销售业绩要赶上公司的某某；到2005年12月，业绩要成为公司的NO.1；2008年底，我要受到总裁接见，到总公司参加培训；2010年，我要成为这个汽车润滑剂品牌在这座城市的总代理，买一套属于自己的房子……想必是每天晚上关灯前，小田都会默读这段"人生宣言"。最后一行是引用张闻天的一句名言：生活的理想，就是为了理想的生活。

那一刻，我对这个未有深交的小田肃然起敬。用信念点燃梦想之火，靠勇气开启成功之门，我在内心真诚地祝福他。

8年后，竟然和小田再度为邻，看来世界真不大。转眼，两人就到了楼下。小田，不，应该叫田总了。他微笑着对我说："坐我的车，捎你一程。"眼前是一辆崭新的PASSAT汽车。

有梦想谁都了不起，有勇气就会有奇迹。我真的很幸运，一生有两次机会和这么一个有勇气、有梦想的年轻人为邻。

坚持你的初衷

　　高考结束，表妹的分数刚上一本，填志愿的时候她摇摆不定：到底是在好大学里读一个不喜欢的专业，还是在一般大学选择一个喜欢的专业呢？表妹问我的时候，我思索了很久，突然想起了我的一个高中校友。我给她讲了我这个校友的故事。

　　那时，我们刚上高中，正是李阳疯狂英语火得一塌糊涂的时候，学校为了鼓励我们学好英语，特意请李阳来做了一次专场演讲。在空旷的运动场，几千人被李阳的故事打动了，跟着他大喊英语。从此学校后面的山坡上多了一群用飞快语速狂喊英语的人，我和她都在其中。

　　刚开始的时候，山坡上挤满了人，后来都像掬在掌心的水慢慢流走了，到最后只剩下了我和她。我们俩相视一笑，颇有点惺惺相惜的感觉。于是相约每天傍晚放学后，都来这里大喊一个半小时的英语。

　　当时我们的想法是一定要学好英语，至于学好了会怎样，我们并没有想那么远。一天她在一本杂志上看到一篇文章，是一个汉语言文学专业毕业的女孩子突发奇想要当同声传译，两年时间没日没夜学习英语最终实现梦想。她喜欢得不得了，特意拿来给我看，和我说她以后要当同声传译，我看了也大受鼓舞，表示要跟她比肩同行。

高考填志愿的时候，我俩的分数都不够上那所心仪的外国语学院。我听从家人的安排填报了一所师范院校，学的是法学专业。她上了外省的一所重点大学，被调剂去学金融学。

她问我，你确定要去吗？我点头。她又追问，那你忘了你的梦想了吗？我说，没忘，那个女孩子不也是非科班出身吗？只要我们努力，不上外国语学院也能实现梦想。她咬了咬嘴唇，不再吭声。后来，我们在车站告别，我南下，她北上。

正当我在大学玩得不亦乐乎的时候，她突然发信息给我，说她决定退学回去补习，请我暂时不要告诉她的父母。我急得不得了，告诉她那些她或许想了一千遍的结果：你回去补习，不一定考得上外国语学院，就算考上了也不一定能当上同声传译，搞不好还是要从事其他职业……等了很久，她才回过来一句：我不是那个女孩子，有足够的执著，我需要一直走在追求梦想的路上，才能不忘初衷。

大学里的第一个寒假，我跑回去看她，还是在学校的后山坡，寒风呼呼地从头顶刮过，她在雪地里一边跳一边大喊英语，耳朵和鼻子被冻得通红。那一刻我被她感动得一塌糊涂，觉得她一定会成功。

"后来呢？"表妹焦急地问我。后来，我慢慢地丢开了英语，大学没有后山坡让我肆无忌惮地狂喊英语而不被嘲笑。很多人对我说，你一个法学专业的，英语学得再好又有什么用呢？于是，我去做一些有用的事情，比如考证。

毕业后，我们专业的就业率差到极点，僧多粥少的现状让我们纷纷转战其它行业。我也不例外，做了一份行政工作。我们班六十几个人中从事律师行业的不过三五个。生活总有让人放弃的理由。

她毕业的时候，我正好工作一年，她揣着二级口译证书非要留京，她想去的翻译机构将她拒之门外，说公司不要应届毕业生，只需要经验丰富的职员。她仍三番五次地找上门去，翻译公司烦了，说，不招翻译人员，清洁工你做吗？她头点得像小鸡啄米。我骂她傻，堂堂外国语学院毕业的学生，居然去当清洁工。她反驳，我才不傻呢，虽然我现在没有成为翻译，但我处在离翻译最近的地方，难道你没有听说过"近水楼台先得月"吗？

这份清洁工的工作她做了3年。

她现在是一名同声传译，半年工作，半年旅游，年薪百万。不到十年，她的人生已经和我全然不同。其实不用十年，从她当初决心退学起，我们就走了完全不同的路。她一直走在追求梦想的路上，而我顺着生活的岔路走向别处了。

说完这些，我有些身心俱疲。表妹已欣欣然做出了她自己的选择。

我们总是一边妥协一边羡慕那些坚持到底的人，每当夜深人静时扪心自问，又懊恼得恨不得去撞墙，初衷是我们再不愿提起的心中隐隐的痛。而那些坚持梦想的人，在拼尽所有的努力之后，即使无所得也无怨无悔。就像我的校友所说的，她做过最奢侈的梦，就是不忘初衷。

梦想从什么时候开始都不晚

真羡慕小提琴家吕思清。因为父亲的原因，他早早就确立了自己的职业道路，4岁开始学习小提琴，8岁被中央音乐学院附小录取，17岁就获得了帕格尼尼国际小提琴大赛金奖。从此，他的人生更是风生水起，名扬海内外。不像我们一直在读书学习，人生路上不断地选择职业的方向，尝试、再尝试，有时一步踏错，虚度光阴多少年，就懊悔不迭。

有一个人的命运比吕思清差了一点，在25岁前，一直没找到人生的方向。他做过摆渡工、种植园的工人、店员、木工、船员、土地测绘员。直到25岁那年，他由于反对黑奴制，在公众中有了影响，被选为州议员。从此，他确定了一生的职业方向，那就是从政。后来，他成为美国最伟大的总统之一，他的名字叫林肯。

另一个美国男子的运气更不佳，在40岁前尝试过数不清的职业，做过农场工人、粉刷工、消防员，卖过保险，当过兵，后来还当过一阵子的治安官，一直不知道自己到底适合干什么。直到40岁的时候，他开了一个小加油站，来加油的客人对他的炸鸡很是欢迎。他一下子找到人生的方向。后来他的肯德基炸鸡店遍布全球，这个人就是肯德基大叔山德斯上校。

原来，人生从25岁、40岁才开始确定终生的职业方向，也能成功。

电视里有一个访谈节目，嘉宾是一个老太太。她是河南人，叫常秀峰，一生一直呆在河南南阳的农村务农，直到70多岁来到广州。可以说之前的70多年，她的生活圈子只有几平方公里的小镇。来广州后，她的事情就是带她的小孙女。小孙女在学画画，她也开始用小孙女的画笔画画，3年时间一共画了100多幅画。她的画，都是以农村为题材，家乡的山、水、房子、树、向日葵、蚕等等，稚拙而纯真，给都市里人们疲惫的心灵带来震撼。她现在成为名人了，开画展、出书、上电视台做访谈节目，多家报纸登载了她的作品，她的画还被博物馆收藏，连台湾的马英九都收藏了她的画。在这之前，她从来没画过画，也不认得字。

媒体给她起个外号，叫梵高奶奶。

一般人眼里，人生70岁应该可以下结论了吧，成功或失败，伟大或平凡，这辈子也就这样了。可梵高奶奶，从70多岁才开始创造人生的精彩。

无独有偶，美国也有个摩西奶奶，更是闻名全球。

在77岁之前，摩西奶奶是一个家庭主妇，平凡得如同千千万万的老奶奶。但她的人生辉煌从77岁开始，那一年，她开始作画，到她101岁去世，一共作了1600幅画。

她的画畅销欧洲和美国，她也成为传媒上超级明星般的艺术家，不少博物馆都收藏了她的画。

知道了两位老奶奶的经历，相信很多年轻人都有点羞愧。我们经常想着手干一件事情，但在做之前，老是瞻前顾后。总是在想：不行啦，年龄不小了吧，算了吧，于是日复一日地拖着，过段时间回头看，那件事还没有动。

当年有一个日本的年轻人也在迟疑。当时他的职业是医生，可他想改行从事写作，但已年近30岁了。他有点怀疑自己，就写信给闻名全球的摩西奶奶，问：我这把年纪还能改行吗？

没想到，摩西奶奶竟然给他回了信，说：我已经100岁了，还在画画，你有什么不行的呢？这封信改变了年轻人的命运，他当机立断，开始写作，他后来成为全日本最著名的现代浪漫小说作家。他的名字叫渡边淳一，到目前为止，他已写了50多部长篇小说。

想干什么，就开始动手专心地做吧。不要迟疑，不要考虑成功和失败，一心一意把事情干好。辉煌的人生无论多大年纪都能开始，4岁、20岁、40岁、甚至70多岁！

一个有关梦想的作文

　　记得上小学时，语文老师给我们布置了一道作业，让我们写一个有关梦想的作文，我毫不犹豫地在作文本上写道，我的梦想是做一名作家，做一名像鲁迅那样伟大的作家。我不曾想，为了这个儿时的梦想，我在以后的人生道路上吃尽了苦头。

　　幼时家贫，买不起书，而亲戚朋友中也没有一个文化人，于是我只好四处收集挂面包装纸。那时，农村包面用的纸都是一些废旧的报纸和大开本的书，上面有很多新闻作品和文学作品。只要家中买回挂面，我总会翻来覆去地读，等吃完面，再欣赏另一面。尽管这种阅读有些狭窄，但我还是从中学到了不少东西。

　　偶尔也能从同学那里借到一两本连环画，但借别人的书，总是担心别人催问，只能抓住一切可以利用的时间，如饥似渴地阅读。这些书在学校是万万不能读的，要是老师发现了，会被没收，并认为是一种"不务正业"的行为。好在父母不反对我看这些书，然而他们为了节省煤油钱，还是会限制我晚上看书。为了尽快读完一本书，我常常趁父母熟睡时，悄悄打着电筒在被窝里看（我眼睛近视，恐怕就是那时造成的）。

念高中时，学校的条件依然很差，没有图书室和阅览室。所幸我的语文老师是一位文学爱好者，家中收藏了不少书籍，有古代文学，现代文学，外国文学。我一本本地从老师家里搬出来，又一本本地还回去。然而，这位老师家中的藏书毕竟有限，仅仅一年的时间，我就看完了所有的书。于是，我不得不从有限的生活费里抠出一部分钱来买书，那时，父母每月只给一百元钱的生活费，我也不忍心开口多要。好在学校的饭菜并不贵，荤菜一元钱一份，素菜五角钱一份，基本上能够支撑。但买了书，日子就过得捉襟见肘。为了路遥的《平凡世界》，我吃了半个月的素；为了一套四大古典名著，我吃了整整一个多月的辣椒拌饭……

念大学时，终于有了一个良好的阅读环境，学校图书室里有看不完的杂志和书籍。课余时间或周末，我基本上都泡在图书室里，有时一进去就是一整天。饿了，就啃两个冷馒头；渴了，就在水龙头下喝几口自来水。大学四年，因为读书，没有来得及娱乐，也没有来得及恋爱，但我不后悔。

付出总会有收获，从2007年起，我开始陆续在各大报刊发表作品，并有幸成为一些畅销杂志的签约作者，每年有几十篇文章入选各类图书。望着书架上那一排排自己产下的"孩子"，我的心里甚感欣慰。也许这辈子我成不了一位伟大的作家，但至少我可以给一部分人的心里洒满阳光。正如胡适所说：没有理想，我们的心将安放何处？就算他是做梦吧，也要做一个热闹的，轰轰烈烈的好梦！

有梦想，别放弃

　　2010年，美国当地时间5月25日晚上7点39分，一部名为《超蛙战士》的3D动画片在好莱坞柯达剧院举行了北美首映典礼。这不是美国、日本等动漫大国制作的电影，而是一部完全由一位中国人历时6年呕心沥血精心设计，花费5000万元人民币的杰作。它打破了中国没有自己3D电影的历史，并且成为了中国首部在北美上映的3D电影。

　　在首映典礼上，众多的掌声中，一名中国人自信地站在了主席台上。脸上露出了久违的笑容。他就是中国动漫电影制作大户——河马动画设计股份有限公司董事长徐克。

　　徐克，原来是学金融出身的，曾经有个让人羡慕的工作。但是为了拯救高度沉迷于日本动漫的儿子和为了开发中国人自己的3D动漫，他毅然放弃了复星集团投行部总经理的职位，转行改做动画电影。很多人都不理解他的做法，说他疯了，从令人羡慕的金融界半路出家去了一无所知的动画电影界。

　　动漫业对于一个学金融出身的人来说，他无疑是一个门外汉，而且风马牛不相及。刚开始的时候，河马动画的创业之路也就理所当然地充满崎岖和坎坷。河马动画最先没有大方向，更缺少资金和人才，只好做些手机上的四格漫画，之后帮一些网站做小动画、小外包之类的服务来支撑公司的运转。好几次，河马动画都濒临破产的边缘，最后是徐克卖车、炒股、到处借钱才勉强躲过一劫。

面对此种惨景。徐克也曾经徘徊过、动摇过。但是他仍然相信直觉，他相信以后的3D动漫会很有市场，尤其是中国还没有真正意义上的3D动漫产业。于是他选择了坚持。他看好的东西，就会不顾一切地去想办法实现。

因为做动漫这行要有非常高的创新意识，因此他选人的标准也和一般人不大一样。在他的团队里，有很多奇人。一个医学界的手术科医生，因为共同的爱好，成为了河马动画的一员。很难想象，一个之前拿手术刀的医生，现在却在河马动画的实验室里设计机器人模型。还有一个也是医学界的脑科医生，现在也成了他得力的团队合作人之一。他很聪明，指挥百号人打仗，心里不哆嗦，临危不惧，后来也加入了河马动画的团队。在公司里，游戏军团里的一半高管从虚拟世界全被他调到公司做现实版高管了。

正是靠着这些志同道合、热情、有活力、有实力的年轻人锐意进取、创新合作，全心全意致力于开发与传播中国3D技术及产品，致力于中国动漫文化的传播与普及，才走出一条全新之路。6年磨一剑，终于让中国的动漫电影有资格在北美市场上映。河马动画成功了。

　　谈到河马动画成功的秘诀时。徐克总会不忘说上一句：有梦想，别忘了要坚持下去，别轻言放弃，总有一天会成功！

让每一秒都落地有声

　　我与郑曼曼是同一天生的。妈妈说，我出生时极顺利，而邻床的郑曼曼，磨蹭了六个小时才肯露出头来，难怪取名叫曼曼。我们一个是紧锣密鼓的急急风，一个是一字一顿地慢板，偏偏又是吵不散的好姐妹。闹得最厉害的一次，是我要她跟我一起报考市里的重点高中，可成绩与我相近的曼曼却不紧不慢地说：我无法与你保持同样的步伐，我听到的鼓点与你不同。不管远近如何，就让我跟着自己听见的节拍走吧。

　　就此，我们的人生轨迹彻底分开。我咬紧牙关，一路狂奔：重点大学、考研、北漂……多年来马不停蹄，奋力厮杀，终于成为一家知名外企的白领。身着优雅的宝姿，意气风发地坐在明亮的写字间里，成就感在周身荡漾。可我仍在不断拼搏，不断为自己充电，每样工作都力求做到无懈可击。我的青春，如开弓的箭，一程一程呼啸着前进。目标，永远在前方的前方。而郑曼曼，悠悠然上了一个二流的中医学校，轻松地在附近的小县城医院谋得职位，心满意足地拿着1000多块的薪水过日子。更不可思议的是，她竟然早早嫁了当地的一个小学教师，生了一对龙凤胎，已经三岁。

那年春节回家，曼曼踢踢踏踏地领着孩子来看我。剪着显然与脸形不配的妈妈头，微胖的身材，宽松的休闲装，与我，就像是两个星球的人。一对孩子倒是可爱，穿得肥嘟嘟的，笑嘻嘻地齐齐向我作揖拜年，活像年画上的金童玉女。可没过三分钟就跑跑跳跳，又笑又闹，没有一刻的安宁，我们根本不能好好说句话。一顿饭吃得像世界大战，险象迭出。曼曼的额头沁出油汗，我的衣服上染了橙汁，老爸老妈也沾光泼了一身的鱼汤菜汁。两个小东西在吃喝之际，还争着去吻妈妈。曼曼的脸红紫绚烂，成了画布。

曼曼走后，老爸老妈津津有味地聊着那对双胞胎。话里话外，都埋怨我至今单身，害他们怀中空空。

国庆节本来还要加班，可两位老人天天十二道金牌围剿，争着向我诉说身体不适，我只好奉旨回家。见了面，二老面色红润，目光炯炯，看上去比我还健康。两位老干部拿出看家本领，长篇大论地给我讲女大当嫁的道理。最后扬言：你若不赶快将自己嫁掉，我们就要实行父母包办了。

我耳朵嗡嗡直响，借口要去看曼曼才得以溜出家门。那所医院乍看很不起眼，一进去才发现是个极大的院落。院里长着郁郁葱葱的老树，开着碗口大的月季。中医室很静，纱窗外鸟高一声低一声地叫。曼曼正给一位老人看病，我默默地注视着他们。老人详述着自己的陈年病痛，目光里有种孩子般的依赖和信任。曼曼眼神沉稳，语气温和，从容地望闻问切。我的心忽地一动：多年以后，白衣银发的曼曼，该是一个多么优雅的老中医啊。

下班后，曼曼用自行车载我去她家。让我惊讶的是，那竟然是个不多见的小小院落。前院种葡萄，一嘟噜一嘟噜，结得累累垂垂。后院种菜，一畦一畦的红白青绿，明艳照眼，墙上还垂着紫色的扁豆花瀑布。我感慨道：曼曼，你再养头猪，喂几只鸡，镶两颗金牙，就可以关起门来当地主婆了。曼曼笑：许多同事早搬进新楼了，我们一家人都舍不得这个小院子，想住一辈子呢。

双胞胎跟他们的父亲钓鱼归来，晒得黑红，一进门就甩掉鞋子，光着脚丫咚咚咚地跑。桶里只有几条巴掌大的小鱼，一家人却热烈地讨论着红烧还是清炖，我也忍不住参与进去。女主人从容地收拾着小鱼，男主人爬上梯子摘葡萄，龙凤兄妹去园子里摘菜。他们哪里会干活，简直是边吃边玩：西红柿摘下来就啃，嫩黄瓜在衣角蹭蹭毛刺咔嚓就是一口，一个大紫茄子被当成足球踢来踢去。最后两个人干脆丢了菜篮，在园子里捉蝴蝶，满园子都是清亮的笑声。曼曼炒菜煮饭，男主人殷勤地为我收拾客房。

小桌上摆着满满一盆新摘的葡萄，双胞胎胃口好极了，吃得一脸紫汁。两张鼓鼓的小嘴很乖巧，这个叫声爸，那个叫声妈，有无数问题要问。而有些问题，连我都觉得颇具挑战性，果真不是一家人，不进一家门。曼曼与她老公都是十足的好脾气，耐心地解答着孩子的每个问题。夫妻俩时不时还要停下手里的活，隔窗温柔地辩论一下，或为对方补充几句。

我问曼曼：孩子这样聪明，怎么不上早教班呢？她答：这样的好时光最适合这样过，不用急着把春天变成夏天，要学习，以后有的是工夫。曼曼的口气如此悠闲，仿佛她的孩子是两粒普通的大麦种子，要由着它们在土壤里安静地做梦，在阳光和清风里自在地发芽，并不急着让它们长叶抽穗。

晚饭后，我躺在竹椅上乘凉，耳边虫声唧唧。洗完澡的孩子们挨过来，小身体又香又软。他们争着让我看葡萄叶缝隙处的星星：这一颗是哥哥的，那一颗是妹妹的，还有爸爸妈妈爷爷奶奶的。兄妹俩慷慨地将一颗小小的星星送给了我，并命名为鼠鼠鼠。我道谢之后，掩住脸笑了很久。

如果在北京，此时闪烁在我眼前的绝不是柔和的星光，而是液晶显示屏熟悉的亮光。时光在我手里，是扑落落拍翅的鸟儿，不舍昼夜地急急飞向云天深处。我努力，想让每一秒都落地有声，每一秒都熠熠生辉。而时光到了曼曼这里，仿佛忽然放缓了脚步，嘀嘀嗒嗒，从容来去，却也有一种异样的精彩。我叹口气：曼曼，我有些羡慕你了。她回答：我也羡慕过你。可我先生说，谁都不必失落，适合自己的人生就是最好的人生。每颗星星都各有各的方向，各有各的光彩。就像我们两个，谁也不曾辜负自己的青春。

雷切尔的梦想

　　九岁那年你在干什么？和生平第一个闺蜜躲在卧室里说悄悄话？为了学业早早加入了奥数学习班？

　　来自佛罗里达的九岁女孩雷切尔·惠勒登上演讲台，在上千个成年人面前郑重许下承诺："我承诺帮助这些可怜的儿童，给他们盖十二座房子，让他们有一个温暖的家。"

　　这是在海地举行的一个慈善聚会，雷切尔是跟随母亲朱莉来的。雷切尔稚嫩的声音清晰地传进每个人的耳中时，人们在感动之余，并没有把这个小女孩的承诺当真，这其中也包括雷切尔的妈妈朱莉。事实上，朱莉甚至不确定女儿是否真正理解他们正在讨论的问题。

　　第二天早上，当朱莉理所当然地等着雷切尔回到牛奶麦片、粉红色蝴蝶结的生活中时，却惊奇地发现：雷切尔把聚会上的承诺写在了自己卧室的墙上。几乎一刻钟也没有耽误，雷切尔开始了将梦想转化为现实的行动。她自制了许多卡片和简易玩具，在学校和街道上兜售。她把赚来的钱放进一个盒子里，盒子上写着"雷切尔的承诺"。

朱莉被女儿感动了，她和丈夫加入了进来，烘烤蛋糕，调制热巧克力，用各种各样的方式募集善款。雷切尔还给亲朋好友发去邮件，呼吁他们援助。她甚至走进咖啡厅，站在椅子上向陌生的人们介绍自己的计划。

尽管如此，盒子里的钱离盖十二座房子的目标依然非常遥远。

故事进行到这里，放弃似乎是一件顺理成章的事。毕竟，这是一个即使对成年人来说都显得过于宏大的梦想，更何况雷切尔不过是一个九岁的孩子。

但是，雷切尔的字典里没有"放弃"这两个字。对于她来说，梦想是一个对未来的承诺，而不是一句空洞的口号。困难是用来克服，而不是用来放弃的。

在父母的参谋下，雷切尔制订了行动计划：去佛罗里达州西岸华人商会寻求募捐。在这里，雷切尔在两百多名商界人士面前完成了演讲，并高兴地收到了十五张数额不小的支票。

随着报社和电视台的介入，雷切尔的故事越传越远。人们被她的梦想，更多的是被她锲而不舍的精神所感染，纷纷加入筹款队伍中。就这样，在她许下承诺后不到半年的时间里，雷切尔超额完成了自己的目标，筹集到了建造十三座房屋所需的款项。她将款项交给世界粮食济贫组织，实现了自己的第一个承诺。

雷切尔并未就此停止。经历了这半年，这个九岁早熟女孩的思想愈加成熟了。她说："我已经意识到，如果看到了想做的事情，你不能只是坐在那里，你的梦想必须通过自己动手才能实现。"

雷切尔当然不会"坐在那里"。在接下来的三年里，她继续筹到了二十五万美元，为海地的莱奥甘村又建造起了十四栋新型防震水泥结构的房屋。一共有二十七个家庭入住了新家，其中包括三十二名儿童。村民们将这里命名为"雷切尔村"。

2011年5月，十二岁的雷切尔第一次来到了"雷切尔村"。村民们高举着写有"感谢雷切尔"的牌子，当地的女孩们簇拥着她，争相去摸她那头漂亮的金发。雷切尔欢笑着，和村民们一起感受着他们的喜悦，同时清楚了自己下一步应该做些什么。

孩子们需要一所新学校。在2010年的大地震中，村里的学校遭到了严重破坏。现在，孩子们只能在临时搭建的简易教室里上课。说是教室，其实只是由生锈的铁板、几根木头以及蓝色防水布搭建起来的棚子。而且，一下雨便会被淹没。

迄今为止，雷切尔已经筹集到了建造学校所需的一半资金。她还在路上。她说："我很清楚无法在一夜之间改变海地，但只要我继续做下去，情况总会越来越好。"

表妹在北京

　　小表妹第一次到我家是她考上北京的一所大学后，她拿着我三姨姥的信找到了我家。个头不高、扎着两根羊角小辫的表妹，看起来青葱、稚嫩。但不久后我就发现，小丫头非常懂事、有主见。比如，她知道我们一家刚搬到北京不久，当地的社会关系很少，因此，从不跟我们提落户口、找工作或者介绍男朋友这些事。

　　不谈并不等于不想，或许那个时候小表妹就知道靠谁也不如靠自己的道理，于是她开始了在北京的奋斗之旅。

　　小表妹的奋斗是渐进的，作为一名普通大学生，她只能从最基本的做起。她是学外语的，为了强化和提高自己的口语表达能力，她先是到英语角苦练口语，接着便利用每年的寒暑假到企业打工。

　　小表妹打工专找知名企业，比如中国银行、联想、摩托罗拉、西门子等这些中外知名的大企业。但到这些企业打工并非易事，表妹联系了很多家名企都被婉言拒绝。当然也有被小表妹的热情感动的，不过名企事先强调欢迎来实习，但只管午餐，没有工资。就这样，小表妹也去，实习完毕，她让人家在她的实习表上写下评语并盖上单位的大印。几个学期下来，她已手握好几家名企的打工表。

小表妹打工并不耽误学业，门门功课优秀。大学毕业后，她被学校保送到北京一所名牌大学读研究生。

很多外地女孩子都希望能留京，小表妹也不例外，因此，找北京户口的男朋友就成了小表妹的首选。听小表妹说，有个北京户口的男人追她追得挺紧，年龄稍大点，不过工作不错，在央视某部门，收入高，有房有车，但接触了几次，她却爱不起来。还有个男孩，是老乡，比她大几岁，学计算机的，个子高高大大，是她心仪的那种，可男孩的家却是农村的。

大概过了半年时间，小表妹突然告诉我她谈的对象定了，是她的那个老乡。小表妹没有选择捷径，而是选择了爱情。这让我多少为她的将来有点担心。

两年后，小表妹研究生毕业，由于有丰富的实习经历，她被一家不错的单位录取了。更让我想不到的是，看似非常难解决的户口问题，在小表妹工作不到一年时间里就解决了。

户口解决后，小表妹便开始张罗结婚的事。按小表妹的意思，结婚最好能住自己的房子。可当时北京房价四环外都已经每平方米1万多元了，小两口刚参加工作，自然买不起。2009年年初，房地产宏观调控紧锣密鼓，全国房价一片降声，北京也不例外。小表妹看上了一套很不错的二手房，双方父母也为他们准备好了首付。我从事的行业与房地产有点关系，表妹前来咨询。但面对一片降声的房地产市场，我也拿不定主意，这让小表妹很彷徨。但仅仅过了两天，小表妹就打来电话说，房子已经买下来了。他们相信，现在买是对的。事实证明，小表妹的这个决定不仅正确，而且及时。因为，在小表妹买房后不到两个月的时间，房价又开始疯涨。

房子买了，装修又成了问题。但这也难不倒小表妹，早有算计的她已经在几个月前报名参加了央视二套的《交换空间》节目，并且幸运入选，得到了18000元的奖励基金。就这样，小表妹不仅装修了房子，还上了中央电视台，向所有的亲戚朋友展示了她的新房及她和男朋友的风采。

这是一个真实的故事。而小表妹的奋斗经历也让我明白，只要你脚踏实地而不好高骛远，只要你目标明确且持之以恒，你就有可能实现你的梦想。对于那些正在或者准备要北漂的人，我以为她的经历或许会让你明白些什么。

你的目标在哪

　　我看过一则给我留下深刻印象的寓言故事：一只大猎犬在追逐一头牡鹿的时候，一只狐狸蹿了出来，于是，猎犬开始追逐狐狸，一只兔子又出现在猎犬的前面，猎犬便转而追逐兔子，后来，一只老鼠又蹿了出来，猎犬又开始追逐老鼠，直到老鼠钻进了洞中。猎犬以追逐一头高大的牡鹿开始，却以在老鼠洞前徘徊结束。这个结局的确耐人寻味。

　　其实不仅仅猎犬是这样，人也如此。我确信绝大多数人都有自己追求的目标，然而在实现目标的过程中，不少人被生活中的种种诱惑吸引，在不知不觉间一次又一次地改变了自己的目标，以至多年以后，发现自己的追求根本无法实现时，才想起最初的理想。蓦然回首，就会惊讶地发现，自己当前的追求与当初的目标简直是风马牛不相及，相差十万八千里。而真正能够实现最初梦想的人，实在是少之又少。究其原因，让自己的目标逃离了自己的视界，才是真正的祸首。

　　说到目标逃离视界，感触最深的，恐怕非佛罗伦萨·查德威珂莫属。查德威珂是一位长距离游泳的巾帼英雄，曾经两次成功横渡英吉利海峡。这一次，她开始了一个新的挑战——从圣卡特里娜岛游到加利福尼亚海岸！如果成功，她将成为世界上第一个横渡卡特林娜海峡的女性。

冰冷的海水无法阻止查德威珂对自己心中神圣目标的追求，她在茫茫大海中奋力拼搏着。家乡电视台全程转播她的这一壮举，成千上万的家乡父老在注视着她，期待着她成功的那一刻快快到来。在与海水及自己的体能、意志奋争了15个小时之后，查德威珂生平第一次向跟踪保护船上的工作人员做出了放弃的手势。在无数的叹息、惋惜声中，查德威珂神情黯然地爬上了救生船。很快她就得知，她距离终点只剩下区区半里！

当记者问她挑战失败的原因时，她毫不迟疑地回答道："是浓雾打败了我。如果没有大雾，如果我能清晰地看到近在咫尺的海岸的话，我一定能够游到终点。在与海水抗争了十几个小时之后，我早已筋疲力尽了，只是靠意志勉强在支撑，但我眼睛能看到的，却是漫无边际的茫茫大雾。而此时此刻，惟一能够给我力量的目标，却在我的视界之外，在这种情况下，我除了放弃，别无选择。"

两个月后，在一个晴朗温暖的日子，不愿意服输的查德威珂再一次向卡特林娜海峡发起挑战。毫无疑问，她成功了，她不仅成为世界上第一个从圣卡特里娜岛游到加利福尼亚海岸的女性，还比男子记录快了两个小时！

　　将目标保持在你的视界之内，你就能够到达你期望到达的任

何地方。

踮起脚尖，实现梦想

时刻想着发现问题，不断实践解决问题—她正努力地踮起脚尖，踮高一点，再踮高一点去触摸自己向往的一个个梦想。

高峰上的小个子

　　单人无氧攀登6大洲最高峰、3座8000米以上的喜马拉雅山脉高峰后，日本80后宅男栗城史多成为励志偶像。

[人为什么要登山]

　　"因为山在那里。"20世纪20年代中期，英国冒险家乔治·马洛里如是回答。

　　7月20日下午，日本登山家栗城史多与记者分享了他的登山经历。"世界上超过8000米的高峰共有14座，目前我已经攀登了其中的3座，都是以单人无氧的方式进行的。"

　　眼前的栗城是名小个子：身高1.62米，体重60公斤。据医生提供的体能测定报告，他的握力、脚力、肺活量及肌肉发达程度等都低于成年男子的平均水平。然而，这个酷爱大山的80后宅男3年间连续"裸登"了北美、非洲、南极、澳洲等6大洲的最高峰，随后向喜马拉雅山脉进军，最后将目标锁定在世界之巅珠穆朗玛峰。

栗城曾两次挑战珠峰，但在近8000米的高度不得不放弃。今年他将第3次迈向珠峰，计划于10月初正式登顶。他的信念依然坚定——"平凡的我们，只要有勇气，向前迈一步，就是神的国度。"

[要活着回来]

活跃在阿尔卑斯山一线的朋友曾给栗城写信："活着回来，我们就可以再去下一座山。"

栗城相信，真正意义上的成功，是"活着回来"。"不是登顶珠峰就算完结，真正的成功者是能够继续挑战下一座山峰的人，为此，我必须活着回来。"

据栗城介绍，与上山相比，下山的危险系数更高。每年攀登珠峰的事故中，七成是在登山者下山途中发生的，大多不是因为技术，而是精神层面的软弱，这被称作"燃尽症候群"。

栗城的感悟源自亲身经历，那是他多年登山过程中距离死亡最近的一次。

令人向往的高峰，海拔7500米以上被称为死亡地带，氧气浓度只有地面的三分之一。攀登世界第七高峰道拉吉里峰(8167米)时，栗城的高原反应严重到一度丧失视力，登上一个巨大的白色岩石沟，看到一具身穿紫色超大外套的遗体(波兰的登山殉难者，现已成为这座"魔鬼峰"山顶的标志)时，他才确定自己登顶了！

下山途中，看到某登山队的帐篷亮着灯火，他兴奋极了。正想着，脚下的高山靴一滑，身体向前摔去。黑暗中，他的大脑一片空白。

"咕咚"，只觉脖子重重挨了一下，下滑停止了。借助头灯灯光，他发现自己竟被宽幅1.5米的小旗包裹住了身体。"若没能幸运地落到这祈福旗内，我已经不在人世了。"那以后，每次登山前，栗城都会双手合十，跪地祈福："一定要让我活着回来。"

[曾经叛逆]

中学时代的栗城，曾有过叛逆生涯。"那时我是个毫无追求的普通少年。"当年，母亲被查出肺部肿瘤，癌细胞已扩散至全身，但浑浑噩噩的他却自欺地认为："肿瘤应该也可以治好"。直到高二暑假，他在札幌医院看到完全陌生的母亲，才意识到她真的已走到生命的终点。

"母亲呼吸已经极其困难了，戴着氧气面罩，左眼已无法睁开，仅睁着右眼，身体更加瘦小了。"栗城帮母亲把面罩移开，凑到她身边，良久，她用微弱得几乎听不见的声音说了一句"谢谢"，便永远停止了呼吸。夏日难熬的那一夜，栗城在走廊中从深夜哭到天明，从此立下誓言："努力奋斗，绝不退缩。在生命的尽头，我也要无怨无悔地说出谢谢。"

进大学后，栗城的心里放不下交往两年的前女友，她的爱好就是登山。"看到学校山岳部的告示板时，我脑中浮现出她曾经登山的情景。身材娇小的女孩子为什么去那么危险的地方？"怀着这样的疑问，他加入了学校的山岳社。随着登山经历的丰富，他确乎找到了目标。

大三那年首次海外旅行，他不顾亲友反对，决定以单人无氧方式挑战北美最高峰——麦金利山。登顶的那一刻，放眼望去，看到的都是冰川、岩石和天空的颜色。"色彩虽单调，我却百看不厌。我日思夜想的世界就在这里！"

那情景至今魂牵梦萦。面对采访，他甚至想不出自己其他的爱好——"每天的生活，不是在登山，就是在准备登山的事宜。"

[离宇宙最近的地方]

海拔8000米之上，远处的喜马拉雅山脉已与地平线融为一体。在栗城眼中，这里是离宇宙最近的地方，是世界的尽头。

2007年，他成功登上卓奥友峰(8201米)，2008年成为首位登上玛纳斯鲁峰(8163米)的日本人。

攀登卓奥友峰时，日本有名记者以栗城经历制作了一段登山视频，题为"宅男攀登珠穆朗玛峰和冒险共享"。有了"宅男"这个头衔后，栗城收到了全日本各地发来的信息，"你爬不上去的"，"你不行的"，甚至还有恶毒的咒骂。

一个月后，他成功登顶。这次，收到的是截然不同的信息。"原来让我'去死吧'的那些人，纷纷说'谢谢'。这一瞬让我觉得自己有更大的使命，我要跟他们分享我的梦想，让他们也找到自己的梦想。"

自2009年起，为了共享自己的冒险经历，栗城开始尝试在登山途中进行网络直播。这是他在运动界开拓的全新领域，让更多的人与他一起经历登山的苦乐与圆梦时的感激。

事实上，挑战世界高峰，不仅是体力活，也耗资不菲。至于攀登珠峰的现场直播，因过程复杂、设备要求极高，更是一笔大开销。2007年至今，栗城每周往返于札幌与东京，每天周旋于大型网站、广告代理点、供应商和电台等机构。资金到位后，2009年，他首次尝试"分享"自己的冒险经历。

这是一项浩大的工程：首先需要将4公斤重的"升压器"(影像传送机)背到海拔8000米的地方。由于海拔差距太大，队员们得在7000米处的北坳建立中转站，将影像传送到6400米的大本营，此后通过卫星终端送到英国的直播基地，再发送到日本的网站，让众人得以实时观看。

"著名登山家们一直想要通过文字向大家传达登顶后的感觉，但是身临其境的那种空气的质感，若是没有真正到过现场，实在是很难了解和体会。"镜头中，积雪释放着令人毛骨悚然的光芒；接连不断的雪崩如洪水猛兽般吞噬着一切；脚边无数的冰川裂缝，还有阳光下令人惊艳的细雪钻石尘悉数展现在人们眼前。"在这片蓝天下，不管是身在何处，人都在经历一种测试，那就是，你会散发出多少光辉，你会多大程度燃烧自己的生命，去尝试着一生有所成就。"

对于栗城而言，给消沉的年轻人以挑战生活的勇气，是他作为登山家之外最想完成的事。在自传《一步向前的勇气》中，他渴望把大山告诉他的哲理分享给每个人："爬上人类无法生存的地带，那个在宇宙中孤独转动的地球终于实在地出现在我的面前。我想告诉大家，站在死亡边缘回头看，活着是一件多么珍贵的礼物。"

粘出一个新世界

20世纪30年代初，他是一个无业游民，一直找不到合适工作，每天到处游荡，每天为生计劳碌奔波，他为此懊丧过、苦恼过，甚至产生自杀的念头。

由于没有固定的住房，每隔一段时间，他就得搬一次家。一天，他再次搬家，不小心得一只祖传的古董瓷器碰到地上，摔成若干块碎片。这是最值钱的家当，已经传了五代，全家人视如珍宝。他看着被摔碎的瓷器，想到因为自己的不慎，将古董毁于一旦，感到特别心疼和懊悔，禁不住流下了泪水。

好在他心灵手巧，他细心地将全部碎片捡起来，一片一片地进行拼凑、粘合，发现瓷器还能恢复原样，只是粘得不够牢固结实，用肉眼就很容易看出裂缝。不长时间，就因粘性太差，瓷瓶再次开裂，他往返多次，跑遍了全城的各个角落，买来市场上能够买到的各种粘合剂。但这些粘合剂不是难耐高温，就是容易受潮，而且胶液的颜色与瓷瓶不般配，根本无法找到一种令他满意的粘合剂。

他决定自己动手，试制一种能抗压抗拉、耐热耐潮的新型粘合剂。为此，他从传统的树胶、角胶入手，先后试用了近百种胶液，不停地实验，花费了三年多的时间，终于成功研制出一种粘合力很强的粘合剂。他试着用自己研制的胶液把瓷瓶碎片粘合起来，不仅用肉眼无法分辨，跟刚烧出来的瓷器不相上下，而且粘合得相当牢固，无论泼水、晒太阳仍然坚实如故。同时，还意外地发现这种新型粘合剂不仅可粘陶瓷，还可粘玻璃，甚至是钢铁制品，只需在粘合前将油污和其他赃物清洗干净就行。

于是，他主动帮邻居和朋友们粘合各种打破了物品，名声越传越远，从他所住的城市到很远的地方，不少人慕名上门，要求购买他试制的粘合剂。他越来越发现这种产品用途十分广泛，不仅日常生活中必备，不少企业需要数量亦十分惊人，市场前景广阔，为此，他申请了专利，并筹措资金，联系了一家专门生产粘合剂的厂家，生产了第一批粘合剂。产品一经投放市场，就供不应求，不少经销商和企业纷纷签合同订购，经济效益十分可观。

后来，他注册成立了一家BBK粘合剂有限公司，不断对配方进行推陈出新，粘合剂性能的更加完善，不断研制了耐热、耐压、耐药品、防腐、防雾等方面的新产品，广泛用于粘接、密封、防漏、固定等方面，成为机械行业不可缺少的化工产品，并在航空航天、军工、汽车、电子、电气等行业得到了很好的应用，他的产品迅速占领了国内市场，并大批地销往国外，成为当地最有影响力的一家大公司。

　　他就是美国亿万富翁巴比克。为了粘合一个摔碎的瓷器，却因此成功发明了一种新型的粘合剂，打开一扇财富之门，成就人生的高度。

　　人们常说，每一项重大发明的诞生，都隐藏在我们转弯的黑暗处，只有不畏艰险，迎难而上的才能成功。

双面"一根筋"

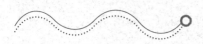

李健原来在山东荣成市经营水产店，虽然生意还行，但总归是小进小出，赚不到什么钱，所以李健总想着另外找一个更好的创业机会。

1999年的一天，李健带着妻子到日本去旅游，在一个海产品展览馆里，李健发现了一个奇观，里面的一个工作人员一手拿着一条3米长的海带，一手拿着一把菜刀，眨眼间的工夫，就从那条几毫米厚的海带上剥下了足足20层海带膜。更让他感到吃惊的是，越往里，海带的颜色越白，口感也越好，海带的最内层叫海带板，价格是原海带的几倍甚至是几十倍。

李健心里"怦"地一动，这不正是自己要寻找的创业点吗？如果把家乡的海带做出各种各样的样式，也一定能神奇地增值。这个想法使得李健把来日本的目的忘得一干二净，他开始一心一意地想方设法寻找能教他海带加工技术的人。经过多方面的打听后，李健找上了日本函馆最大的一家海带企业。李健向对方介绍了荣成的海带资源、地理环境和中国的市场，以及对海带剥膜技术的渴望，希望对方能够以技术入伙，双方合作生产。

日本方面对于这位陌生的来客有些谨慎，并没有直接答复，只是说在适当的时候去荣成市看看。虽然没有拿到技术，但李健对这个项目却深信不疑。回国后，他决定关掉水产店，承包海面，养殖海带。

李健的这个决定遭到所有亲友的一致反对，他们都善意地劝阻他说："做生意不能盲目地投入，你算算这个成本要多大！就算你养殖了海带，但是最关键的海带剥膜技术在哪里？谁会无条件地给你？不要去做第一个吃螃蟹的人，因为凡是第一个吃螃蟹的人，都要付出很大的代价！"

其实，对于这一点说，李健又何尝没有想到？只不过，李健坚信只要有了剥膜技术，海带精深加工肯定能做好，海带的价格也会翻几番。李健决定先养殖好海带，再慢慢寻找技术合作伙伴。2001年的3月，李健投入了所有的积蓄，又外借了20万元钱，承包了3700亩海面，开始大量养殖海带。李健的这个举动遭到了周围人的嘲笑，大家纷纷笑他是个"一根筋"的傻子，居然会投巨资做这么没把握的生意！可是李健对于这一切充耳不闻，只是隔三差五地给日本的那家公司发一些荣成的海带资源照片，并诚恳邀请对方来参观。

皇天不负有心人。终于，在当年8月的一天，日本公司的代表来到海带基地考察。考察结束后，日本方面非常有兴趣，双方立即进行了合作谈判，但是日本公司始终担心把这项技术教给李健后，他会生产出更好的产品冲击本来只属于日本公司的市场，所以久久没有达成合作协议。李健见久攻不下，就决定以退为进，他郑重地承诺说，只要日方以加工技术和设备作为股份一起合作，赚钱共享，赔钱则自己单独承担。在利益的驱动下，日方终于愿意教授这项海带剥膜技术。

次年5月，海带到了收获的季节，利用这种剥膜技术，李健做出了大批海带膜、海带板以及海带糖等海带产品。这些产品上市后就得到了市场的青睐，许多国内外的知名食品企业都被李健的海带产品所打动，纷纷主动联系，上门洽谈业务，愿做销售代理的商家更是比比皆是。这样一来，李健的剥膜海带通过营销网络，很快源源不断地销往全国各地，甚至远销日本、美国、德国、俄罗斯等国家。因为经过了精深加工，李健的海带产品比起原始海带至少要增值5倍以上。2006年．李健扩大了海带养殖规模，并且增加了加工产品的种类，形成了一家更专业的大型海产品出口公司。

经过数年的摸索和实践，现在，李健无论是在技术还是在业务上都已经远远超过了那家日本公司，年销售额达数亿元！前不久，有财经媒体这样评论李健的成功："很多人都把'一根筋'理解成是顽固、不会变通，其实'一根筋'也是一种毅力，有毅力就会有勇气去排除万难，李健就是靠这种'一根筋'的毅力创造出了自己的大事业！"

耐得住寂寞的修炼

2005年7月，百度在美国正式上市，他作为百度总裁助理、市场总监却在此时毅然选择了辞职。

辞职后的他一直在家闲着，一呆就是整整两年。直到2007年年底的一天，金山公司的总裁雷军请他吃饭，席间不断拿卓越网副总裁陈年的例子激励他："人家比你大好几岁，都还有创业激情，你怎么就没有？"作为十几年的哥们儿，雷军不想看着好友每天都这样碌碌无为地混日子："在创业路上，哪个人不是摸着石头过河呢？只要你肯干，钱不是问题，要多少我都支持你。""那卖什么好呢？"其实，他完全没头绪。雷军说："那就先卖玩具吧，我觉得这个好做。"他对朋友的话从不怀疑，他也觉得自己到了该干点什么的时候了。

于是，他开始融资，很快就筹到了200万美元，其中当然包括好友雷军注入的资金，于2008年4月创办了乐淘网。

他的公司设在北京丰台区一栋写字楼的6层，周围有很多物流、仓储企业，十分适合做B2B（电子商业零售）。在公司里，他把每一位员工都当做兄弟姐妹来看待，他的办公室门牌，不是写着CEO、总经理之类，而是写着"一哥"，其他副总分别被称呼为"二哥"、"三哥"……

拥有一个具有凝聚力的团队，并不一定就能迅速成功。由于他和手下以前全是搞互联网的，零售根本不在行。不久，他就发现在网上卖玩具并不合适，兄弟们昏天黑地折腾了不到半年，乐淘就亏了1000多万元，这下他让搞技术的好友雷军也无话可说了。

以后的路究竟该怎么走？看来只能靠自己去摸索了。在考察完男装、女装、内衣等产品后，他最终选择了卖鞋。2009年5月，乐淘网正式转型成为鞋类商城，谁知转型后的第三天，乐淘网的服务器就因为访问量太大而几乎瘫痪。在经营方式上，他坚决主张让厂家主动把鞋子送到他这里来，而不是自己去采购，这在乐淘内部产生了极大分歧。当时，不少大鞋商都瞧不起乐淘，认为他们太自不量力了，但他却一直咬着牙不采购。

为了实现不采购的愿望，他决定亲自出马。他与北京东城区王府井澳门中心的一个大供应商谈了整整7个月，最后那个老总看他挺诚心的，就先拿出了几百万的货暂时合作一下。没想到后来竟然真合作成了哥们儿，陆续给他提供了几个亿的货。

有了充足的货源和资金做后盾，乐淘开始迅速壮大起来。为了让正在奔跑的乐淘能健康成长，他每天最多睡5个小时，经常住在公司里。每每看到李彦宏、马化腾等IT巨鳄们，都保持着那么高的工作热情和创新精神，他也不甘落后，默默地开始练"内功"。

2011年，他开始注重乐淘的战略性问题，为此，他推出了"假一赔十、退换货免费服务"等一系列大胆的措施，很快就收到了良好的效果。2011年7月，他又与《milk》杂志合作，推出了Reklim品牌潮鞋。这些都成为了乐淘走差异化竞争路线，全面转型娱乐营销的标志，体现了他与众不同的个性魅力和紧跟潮流的经营智慧。

他叫毕胜，乐淘网CEO，正如他的名字一样，他用自己的努力与勤奋，在短短的3年时间内，让名不见经传的乐淘网实现了"必胜"。

2011年，乐淘的年销售额达到5亿元，如果2012年公司的销售额突破10亿元，就可以考虑IPO了。纽交所主席海瑟尔斯已经注意到了这个潜在的客户，并对毕胜进行了访问。

谈到那两年的"悠闲时光"，毕胜无不感慨地说："那两年对我很重要，既可以叫蛰伏，也可以叫等待。正是那两年的时光让我明白做事心态不能太浮躁，任何成功都可能需要10年，甚至更久，既要耐得住寂寞，又要经得住诱惑，只有这样，才能'必胜'！"

留心生活，铸就成功

　　陈杰被公司炒了鱿鱼，心情很郁闷，便独自跑到山里散散心。呼吸着大自然清新的空气，听着山泉叮咚叮咚的欢唱，闻着野花发出阵阵的清香，感受着山风带来的清凉，让他心中的烦闷顿时烟消云散，心情也变得舒畅多了。

　　在一处山泉边，陈杰喝了几口甘甜的山泉水后，开始冷静地分析自己今后的打算，他觉得要想有所作为，必须得自己干一番事业。给别人打工，实难有出头之日，并且时时担惊受怕，唯恐炒鱿鱼的厄运降临到自己头上。而职场中的一些潜规则和同事之间的勾心斗角也让他不胜其烦，相比之下还是自己创业为好。他想自己上大学时学的是植物专业，便想从所学的专业上寻找方向。目标大概确定了，他心里就如同放下了一块石头，显得轻松多了，不由得哼起了歌儿，背着背包继续向前走去。

　　走了一会儿，在他面前出现一片绿油油的草地，而且草地上还开着星星点点的花朵，散发着阵阵幽香。他走近一看，眼睛立刻就瞪圆了，急忙放下背包，小心翼翼地挖出一棵草，然后仔细地观察着。最后他确认，这不是普通的草，而是一种兰花，并且是极为珍贵的一个品种。为了证明自己的判断，他决定挖几棵回去让自己的老师看看，确认一下。他在周围寻找了半天，也没有找到挖兰花的工具。他看到山脚下有几户人家，就急忙向那几户人家走去。

他来到一户人家，看到一位老农刚刚从地里回来，肩上扛着镐头，就对老伯说："老伯，我可以借你的镐头用用吗？"

老农看着这个文质彬彬的年轻人，笑呵呵地说："怎么？想用我的镐头挖人参吗？"

陈杰听了老农那调侃的话，也笑着说："虽然我要刨的不是人参，不过比人参也差不了哪去，那可是一种名贵的兰花呢。"说着还故作神秘地向老农眨了眨眼。

老农一听，也很好奇地说："那我和你一起去吧，我倒要看看你说的是什么宝贝？"说着，两个人一前一后来到了那片草地。老伯一看陈杰所说的名贵兰花，不由得大笑起来："年轻人，这哪是什么兰花啊，不就是普通的野草嘛，我们这里多的是，这种草什么用也没有，连牲口都不吃。你们城里人可能没见过这种山里的野草吧？所以把它当成名贵的兰花了？"

陈杰耐心地跟老伯解释说："这确实是兰花，而且是一种很珍贵的稀有品种，我没有骗你。"

"呵呵，你说是兰花就是兰花吧，反正我们这多的是，你想挖多少就挖多少。"说着，老伯就帮着陈杰挖了几株兰花，又帮着把兰花装好，然后扛着镐头回家去了。

陈杰回到市里，马上找到他的老师，经老师验证，陈杰挖回来的兰花确实是一种很珍贵的稀有品种，叫佛兰。目前国内还没有培育和出售这种佛兰的，只有荷兰有这种兰花，而且售价非常高，如果能把佛兰打入国际市场，那前景可是非常广阔的。

陈杰听了老师的话，非常兴奋，便做了一个建立佛兰培育基地的策划方案。就在发现那片佛兰的地方建立一个佛兰的培育中心，专门培育佛兰，然后再向国际市场出口。老师对陈杰的想法和规划表示了大力支持。于是，就在市里帮着陈杰联系有关事宜，而陈杰马上回到了那片山林，经过老农和村民的帮助，建立起了佛兰的培育基地。把山里人认为是野草的兰花，进行精心的管理和培育。经过老师的联系和当地的花卉公司联合，他负责管理培育佛兰，花卉公司负责销售。短短数年，他就因为栽种佛兰而成了远近闻名的百万富翁。那个小村庄也在他的带领下，开始种植这种珍贵的兰花，最后成了远近闻名的佛兰村。

村民们万万没有想到这些平时连牲口都不爱吃的草，竟然能给他们带来滚滚的财源，老农很有感触地说："原先我们是抱着金碗讨饭吃，守着宝贝不识宝，幸亏陈杰有心，才使我们脱贫致富了。"陈杰的有心不但帮大家致了富，同时也成就了自己创业的梦想。在生活中只要多留一份有心，就会多一份成功的喜悦！

沙滩旅馆

1978年，杨一峰初中毕业后随父亲在长沙做小贩，从那时起，他就有一股强烈的改变命运的想法，为了寻找更好的机会，他于2000年2月孤身来到了深圳。

但是，残酷的现实很快击碎了他的淘金梦，他在一家工厂做杂工，薪水每天仅12元，幸亏工厂管饭，要不然可能连肚子都填不饱。尽管十分辛苦，但他和很多年轻人一样，一直喜欢看海，常常利用休息时间去海边玩，喜欢新鲜的他，还常常到一些人迹罕至的沙滩去玩。

有一次，他费了九牛二虎之力找到一处沙滩，当时已经下午5点多了，他发现很多野营者在沙滩上支起帐篷，看样子是准备在这儿露宿一夜，他突然灵光一闪，在沙滩上露宿，安全没有保障，其他像垃圾处理、日用品需求等都没人管，如果建一个"沙滩旅馆"，让那些喜欢野营的人安全露宿，一定会有市场。

回到工厂，杨一峰立刻辞了职，然后买了一些篷布和工具，租了一辆三轮车，将行李拉到了海边，那个三轮师傅不解地问为什么，他笑着说："我想卖沙滩！"三轮师傅一听，还以为他有点精神不正常，收了钱赶快走人。

杨一峰立刻开始建造沙滩旅馆，他弄来几根乔木，往沙滩上一立，再把帐篷往上一披，一个简单实用的大棚就做成了。他搭帐篷时，正好有一些人来露营。听了他的创意，大家都乐意给他两元站岗费以确保安全。看着"沙滩旅馆"还没建成就有了收入，杨一峰的干劲更足了。两天后，一个别致的"沙滩旅馆"在大海边建起来了。他用红漆在篷布上写了一行醒目的大字：沙滩旅馆。然后用一张小牌子写下服务项目：站岗放哨，提供餐具，零售太阳伞、帐篷等。

沙滩旅馆开张后，生意好得出奇，几乎每天晚上都有人前来露宿。这些人大多是一些都市白领，他们讨厌城市的喧嚣，便利用休息时间来亲近一下大自然。杨一峰每天大概有近百元进账，比在工厂打工强多了。

但麻烦很快也来了。有一天上午，他正躺在"沙滩旅馆"里睡觉，突然风云突变，一场台风不期而至，海风把"沙滩旅馆"吹得七零八落，所有家当在他眼皮底下消失得无影无踪，沙滩上只剩了几根桌椅腿儿。全身湿透的杨一峰抓住一棵树才没被台风刮走。等到风停雨歇，他孤零零地站在沙滩上，欲哭无泪。

虽然台风刮走了所有家当，但已经尝到甜头的他没有放弃。深思熟虑之后，他买了一个旧集装箱并进行了一番改造，用砂布把集装箱上的锈打掉，涂上了一层黄色的油漆。等他把集装箱运到沙滩边，付完车费，他已经身无分文了。由于那段时间天气恶劣，野营的人一下子少了许多。但杨一峰没有坐以待毙，他找到一些旅游公司，向他们报告了暴风雨后的沙滩海景。一些旅游公司正愁找不到"卖点"，便利用他的信息借机炒作了一番。这番炒作算是给他打了个免费广告。三天后，沙滩上一下子来了60多位游客。

为了让更多的人来"沙滩旅馆"，杨一峰主动出击，以多种方式招徕顾客前来露宿。他学习了上网，并在网上发布许多帖子，后来果然有不少人按图索骥找到了"沙滩旅馆"。

这样一来，"沙滩旅馆"的生意越来越好。进入2011年，沙滩旅馆俨然深圳一道独特的风景。现在，他有了10多家分店，招聘了上百名员工，他也从一名打工仔成了身家千万的富翁。

其实，很多人都来过沙滩，但大多数人眼中那只是一堆沙子，只有独具慧眼的人才能看到它的价值。杨一峰的创业史告诉我们，想象力永远是成功的最大法宝，因为，它能帮你在别人看不到商机的地方发现只属于你一个人的宝藏。

打败星巴克的诀窍

　　20世纪80年代的一天，在美国佛蒙特溜冰场的座位席上坐着一个年轻人，他静静地坐着，看着在眼前不时闪过的那些溜冰人，此时溜冰场上空的温暖阳光可以让他很享受着这种美好的时光。自从他卖掉了家传的卷烟纸厂后，得到了一笔可观的资金，他正琢磨着如何借着这笔钱再发一次横财。

　　在溜冰场旁边有一家咖啡店，每次他到溜冰场的时候，都会在这个咖啡店里喝上一杯。这家店的咖啡很合他的口味，最后他把这家小店买了下来，自己卖咖啡。

　　一年后，他成立了一家咖啡烘焙公司，但是对于一个只有卷烟纸优势的人来说，想要在咖啡这个陌生的领域有所建树，不仅需要有常人没有的努力，机遇也很重要。因此，一开始的时候，公司并没有赚钱，在最初的3年里反而亏了上百万美元。对于一个商人来说，亏钱是最不愿意看到的事情。为此他很留意顾客的意见，经常免费邀请顾客品尝咖啡，提出意见和建议，并且立马着手改善，但是他的公司生意还是不见起色。

　　一次偶然的机会，前来他店里喝咖啡的两个附近公司员工的谈话，被他无意间听到了，员工抱怨说公司的速溶咖啡非常难喝，让员工出来喝咖啡，老板又不乐意，很是苦恼，每次都是偷偷溜出来喝。说者无意，听者有心。为什么不把自己美味的咖啡卖到办公室去？他问自己。于是他开始把重心从咖啡店转移到办公室去，他马上找到当时的办公用品供应商史泰博，说服了史泰博和他达成打折协议，他的咖啡如愿以偿进入了史泰博北美的600家办公用品超市，并且进入了超市的邮购目录，通过这个渠道，他输送了超过45万公斤的咖啡。

由于他敏锐的商业眼光，考虑到后面的个人咖啡机市场是一个还未开发的处女地，他率先想到投资生产单杯咖啡机和K杯的克里格公司。

他并不满足，他开始考虑不仅要让自己的咖啡在办公室里可以喝到，最好还是能喝现成的。他果断和美国波兰春公司联手推出一种咖啡机，只要加入咖啡，经过一段时间的加热，就可以喝上热气腾腾的咖啡。事实证明，他的想法是对的，因为大部分的公司都愿意安装这种咖啡机，这样就可以避免员工以"咖啡难喝"为理由，上班时间溜出去喝咖啡。靠着咖啡机，他的咖啡市场开始了更加疯狂的扩张。他的目光开始涉及被星巴克忽略的加油站和STOP/SHOP便利店，他要让喜欢他的咖啡的人在任何地方、任何时间都可以自由享用。

由于进入了批发渠道，咖啡的价格开始大幅度降低。而走加油站和便利店的平民路线，又增加了咖啡品牌的影响力。

随后，他的公司年销售额达到1000万美金，分店开了9家，并且还在纳斯达克全球精选市场成功上市。

在咖啡领域，星巴克的老大地位一直无人可以撼动，但是自从有了他之后，他靠K杯和个人咖啡机捆绑销售模式，销售额已经远超星巴克，作为全球增长速度第二快的企业，他公司的股票价4年来狂飙9倍，星巴克只能屈居第二。这家咖啡公司的名字叫"绿山咖啡"，那位在溜冰场上不溜冰而只是喝咖啡的年轻人，就是绿山咖啡的创始人鲍勃·斯蒂勒。

把旅行卖给梦想

她穿一双拖鞋出行，以搭便车的方式游历各国，一路蹭饭、蹭网，还"蹭"外国帅哥。2012年5月，这位不按常理出牌的女孩又有了新想法——把我的旅行卖给你的梦想！

["捡"到抠门洋帅哥]

上官小乖是一个性格爽朗的重庆女孩，拥有苗条的身材和灿烂笑容，多年的游走经历赐予她一身古铜色肌肤。大学毕业后，她做过白领工作，后来又在父母支持下干过几年毫无起色的服装批发生意。

2009年，朋友从国外带给小乖一本《流浪者》，书中的文字深深吸引了她。29岁的小乖不顾家人反对，将批发城的档口转让了出去，并将父母的出资还给他们，拿着自己仅有的7000元积蓄踏上了旅途。她甚至是穿着牛仔短裤和拖鞋出门的，理由很简单：旅行本来就是随意的。

在西双版纳州府景洪，小乖遇到一个名叫Mike的德国帅小伙，这位有着13年"驴"龄的洋背包客，孤身游走了大半个地球。相仿的年龄，相同的爱好，让俩人很快成了朋友，他们一起旅行，一起吃饭。

景洪很热，每天要消耗大量的水，小乖总会到银行、通信公司这样有免费饮水机的地方蹭水喝。她以为自己已经很节俭了，但Mike却是拧开自来水就喝。"你当自己还是在欧洲啊，中国的自来水能生喝吗？"面对小乖的提醒，Mike不以为意，他用手擂擂自己的胸肌，用半生不熟的中文调侃说："没关系，我身体倍儿棒，喝嘛嘛香！"

Mike经常教导小乖说："你要求得越少，活得越简单，得到的就越多。"共同旅行一段时间后，小乖对他这句话就体会渐深了。在老挝，她俩于酷暑下步行半小时，只为买一杯1000基普(折合人民币8毛钱)的冰咖啡；在曼谷，他总能找到折合人民币6毛钱一瓶的冰茶；在消费高得惊人的普吉岛生活一个月，俩人只花100美金，秘诀是白天吃方便面喝冰茶，晚上睡帐篷。但同样可以嗅着花香拍照、写字、谈心，听着海浪酣然入眠。

不要以为Mike是穷人，他来自德国一个中产家庭，父母都是律师。Mike只在每年夏天工作一到海滩上向游人出售他手工制作的首饰。在意大利旅行时，他一天可以赚到500欧元。

"抠门"的Mike做起慈善来却毫不含糊。2008年汶川大地震时，身在中国的Mike号召国内的亲友向灾区捐款捐物，他也到四川做了两个月义工，一双手磨出许多血泡。此外，他还定期到贵州山区看望贫困儿童，并给孩子们寄钱寄物。

在几个月的相伴旅行中，上官小乖与Mike擦出了爱情火花，他在普吉岛海边拥着她说：我会陪你走遍世界！那一刻，小乖幸福的泪水夺眶而出。

[希望善良的人们捡到我]

后来，小乖与Mike进入了时吵时好的状态。分分合合几次，Mike最终独自去了日本，小乖则到了泰国。两个在旅途中相识相爱的人，最终没能走在一起。但小乖仍然抹掉眼泪说：不管怎样，他教会了我如何在路上扎营、教会了我如何独自旅行，和做手工。

合艾是泰国的一座边境小城，离马来西亚只有60公里。这里有很多华人居住，街上到处能看到中文字牌，初到此地时，小乖简直有一种置身国内的错觉。由于失恋的原因，在这个堪称"微笑之城"的地方，她却微笑不起来。当她把背包寄存在一个客栈后，开始搜索当夜的落脚处——寺庙。因为口袋里只有300泰铢（折合60元人民币），仅够住一夜旅馆，而她不知道还会在这里待多久，所以就想到了资深驴友在《泰国旅行攻略》中说的"有困难，找寺庙"。

一个人的流浪，总有很多故事发生，有人企图欺负小乖，因为她是单身在外的女子，又有更多人会帮助小乖，因为同样的理由。在印尼，她先后搭了几十辆顺风车都相安无事，但也有一次，一个搭载她的车主试探性地摸起了她的大腿，小乖愤而下车。"每一次搭便车去远方，我就默默祈祷：神啊，求你让善良的车主捡到这个品正貌端的姑娘吧！"小乖调皮地说。

一路上，小乖睡过各式各样的地方。有时她的露营地很漂亮，有沙滩、海浪、满天星光相伴入眠。清晨醒来钻出帐篷，会看到冉冉而升的朝阳，挂满晶莹露珠的草地……有时因为搭便车而在公路边扎营，境地则会很糟糕，很早就被汽车、摩托车吵醒；有一天深夜，因为找扎营的地方太晚了，早上起来她才发现，自己竟在垃圾堆边睡了一晚！

小乖从Mike那里学会用捡来的石头、贝壳、树叶等制作项链、手链和小挂饰，然后拿到各地的创意集市或旅游景区出售。自2010年踏上巴厘岛开始，她还给《南方都市报》、《重庆晚报》等媒体写起了旅游专栏，每月都能挣到一笔不菲的稿费。两项收入加起来有几千元，足以应付她的旅游开支。从此，小乖过上了"边旅行边赚钱"的逍遥生活。

[为慈善骑行中国，为你兜售梦想]

从中国云南到老挝、泰国、缅甸、越南、印尼……小乖用两年多时间游遍东南亚，并写出一本《揣着梦想上路》的游记。

2010年底，她在电话中给妈妈报告一条喜讯：已成为著名驴友的小乖竟被雪弗兰汽车公司相中，对方邀请她以搭顺风车的女背包客为切入点，拍了一条在中央电视台播放的广告片，并支付给她3万元宣传费！妈妈惊讶极了："我不务正业的女儿，竟然也能成为广告明星！"

为了救助乌鲁木齐孤儿，2011年3月9日，上官小乖与一位印度背包客朋友吉米从重庆出发，开始了艰苦的"爱心传递—摩托车环游中国百天公益行"。所有人都认为她疯了，因为小乖只有3天驾龄，还是在越南那种半自动摩托车上练的。但102天以后，她成功穿越了广西、福建、安徽、浙江、江苏、山东、内蒙古、宁夏、甘肃、青海等20多个省市，18000公里安全无事故。虽然一路上经历了不少艰难险阻，但他们一想到那些等待帮助的儿童，咬咬牙也就挺过去了。最终，两人为孤儿们募捐到了大笔善款和物资。

在国内休整数月后，小乖不安分的心再次骚动起来。她又拿出了一个新的旅行计划—2012年5月，一个人自重庆骑摩托车去伦敦。不仅如此，她还通过一个叫"点名时间"的网站兜售自己的梦想。"伦敦之旅，会是一次有参与感的旅行，我希望我能在旅行中为你做点什么，来让你支持我。"这是小乖在网上写的"劝捐"开场白。

她的计划是，支持22元，你就能获得小乖和她的各国驴友发出的明信片、照片、手写信等任选其一。"我们的祝福或建议，或许能在一个你不小心忘记梦想的未来，激励你！"

99元档，则是为支持者在选定的有意义的地方，或标志性建筑前拍一张照片，高举他的名字和梦想，让全世界都知道！再通过微博、邮件传递给本人。此外，小乖还策划了在旅行途中替支持者求婚的项目，并拍摄一个求婚微电影。

"兜售梦想是个技术活。"小乖说。她并不想把旅行支持做成一个简单的募捐游戏，而是希望从提供19元到999元的支持者，都能得到想要的回报。

小乖此次的预设支持金额是1万元，没想到，"载着你的梦想骑行伦敦"项目于今年2月16日上线后，短短半个月就募集到了万元资金。不久后，这位狂野女孩将驾着摩托车踏上新的征程。

说到游走3年来的收获，小乖爽朗地笑了："哈，一口打补丁的英语，一颗感恩的心，一堆故事，一个分手30次的德国前男友，一双继续要往前走的眼睛。"她很享受这种在路上的生活，已经32岁的她宣称：生命不息，前行不止，直到我走不动，或者父母走不动时。去看看这个世界，并感受陌生人的友善吧，请不要小心到带着每一餐的攻略出发！

别让翅膀太沉重

　　她自幼痴迷戏曲。

　　13岁的时候，父亲托了人，送她到县剧团学戏。先是在团里干杂活，跑龙套，三年后才慢慢演上有名有姓的角色。虽然大多是一些小配角，可她心里却有一个绚丽的梦想——她希望有一天能成为众人喝彩的主角，摘取省戏曲节的白莲花奖。

　　那时，捧回白莲花是每个戏曲演员的梦。

　　她刻苦地学戏，但演艺市场越来越低迷，剧团不得不解散。同事们都另择行当，唯她放不下对戏曲的热爱，又辗转加入邻县戏班，依旧以唱戏为业。那些年，只要能登上舞台，她从不在乎场地大小，听众多少，哪怕是在最偏僻的乡村，她一板一眼，一招一式，还是一样细腻，情感饱满。

　　她向着小小的梦想，不懈地努力，但常常又倍感失落！因为别人的一声倒彩，因为希望的渺茫，她会失望叹息，甚至想到退缩；因为别人的一句夸赞，又会兴奋好久。一颗不淡定的心，就像吊在崖边的木桶，随风飘忽。

　　这让她感到很累！

第五年，省里举行戏曲大赛，她满怀希望去参加。最后，过了初选，复选却被刷下来。初次失败的打击让她备受煎熬，心中翻来覆去地难受！

沮丧过后，她调整心态，更加刻苦地磨炼自己。一年四季，她始终活跃在舞台上，冬天，天寒地冻，她穿着单薄的戏服，冻得脸色苍白，瑟瑟发抖；夏天，明亮的舞台灯光打在她身上，蚊蚋横飞，衣衫湿透。有好多人不理解，一个小演员，这样努力给谁看？

她听了，心里难过，但依旧用心提高唱腔、演技。

第九年，又逢大赛，她鼓足勇气去报名，没曾想，结果同两年前一样。她又一次铩羽而归。

坐在回乡的汽车上，她一路流泪。想想这些年的艰难，一次次的希望和失望；再想想如今两手空空，她怀疑自己根本不适合这门行当。心灰意冷之下，她决定从此退出舞台，再不做梦。

她到家乡村办工厂做工，把对戏曲的牵念深埋在心底。

大约半年后，她有事情去邻县，在县城郊外的一处村庄，她迎面遇到一位老妇人。那妇人仔细打量她，然后走到她面前惊讶地问：你是不是唱戏的董彩云？她点头称是。那妇人没来由地眼睛就红了，拉着她的手感慨地说，你唱得真好，俺老伴最爱听。有时听说你来了，跑好几个村子撵着听你的戏。他年头里走了……临走还念叨着想听你的戏……

夹带着湿雨的风轻轻吹过她的面颊，她握着老妇人的手，一时怔在那里，感动和意外就像那雨轻轻滋润她枯萎的心。她以为她的戏一无是处，她以为自己太过庸常，演戏快十年了，今天才第一次知道她会有如此挚爱她的戏迷。

哪怕只有一个这样的戏迷呢，也足以让她那颗充满怨怼的心释然！她这才明白，艺术的魅力不是你获得过多少奖，也不是你曾赢得了多少喝彩，而是你有没有走进人的心里，有没有给人们心灵的触动。把戏唱到观众心里，让他们喜欢，这样的褒奖又哪里比奖杯逊色呢？

原来，她所有的付出都值得。

她重新走上舞台，那些烦恼如被风吹散的浓雾，离她远去。她给捆绑太多功利的心松绑，心变得如辽远的碧蓝天空，单纯、轻盈。她在艺术的天地里飞翔，再没有对名望的渴求——只要能走进人心里就好。

这样平静的心态反倒让她在艺术的世界里进步神速。不久，她在县里唱出了名气，渐渐走上省里的舞台。

后来的后来，被人称作"艺术家"的她每当跟年轻演员说戏，总会以自己的实际经历叮嘱她们："放下浮躁的心态，踏踏实实走好每一步，别给飞翔的翅膀绑上太多名利的沙袋。翅膀上的重负多了，飞不高，也飞不远，最终还会把自己压垮。只有静下心来，摈弃浮躁，潜心钻研，生活一定不会亏待你。"

● 朝梦想自信前行

我在华尔街一家大银行工作了10多年，每个月有稳定的高收入。有一天我坐在那间有玻璃天花板的办公室里对自己说："够了！"如果想要有一份实现梦想的工作，我知道我必须积极主动地去争取。

我翻阅《纽约时报》开始寻找新的机会。我的目光被一则广告吸引了——一个大的金融公司正在招聘股票经纪人。这正是我梦想的工作！我兴奋地打了若干个电话，最后与该公司纽约分公司的副总约好了面试时间。

面试那天，我不巧患了感冒，发着高烧，浑身无力。但是，我不能与这个千载难逢的机会失之交臂，所以我按时参加面试，与那个副总谈了三个多小时。我以为他一定会当场决定聘用我。可是，他指示我分别与公司的12个顶级股票经纪人进一步面谈。我听了差点晕倒！在后来的5个月里，12个股票经纪人对我都不同程度地泼了冷水。"你还是安心地在现在的银行工作吧，"他们劝道，"80%的人干一年后就干不下去了。"接着，他们又补充说道："你根本就没有投资的经验。你干不了的。"

他们越是攻击我的梦想，我越是不服气。我憋足了气，决定要让他们的预言落空，让我的梦想实现。

最后一次面试定在一月寒冷的一天。面试5分钟后，我看出那位副总不知道怎样给我下结论。我感到机会就要从我的手指缝里滑走了。他终于开口了："你必须在两周内辞去纽约银行的职务，然后报名参加为期3个月的培训。你必须一次性通过培训结业考试，否则我们仍将不能录取你。"最后，他加重语气，说："如果差一分，你也可能被淘汰出局。"

我的嘴唇发干，内心剧烈摇摆。这个工作虽说是我的梦想，但能不能得到它我并不确定，将来的前景也是未知的！然而，一想到机会总是与风险并存，一想到我的勇气很可能会改变我的未来，我下定决心，不再瞻前顾后，坚定地说："行。"

根据要求，我辞去了银行的职务，跳进了一个陌生的领域。三个月的训练后，我参加了考试。考场设在麦迪逊大道，与我即将上班的地方很近——如果我通过了考试的话。考场里放满了电脑，监考人将我领到一台指定的电脑跟前。这样，我一生中最重要的考试就要开始了。他们发出了开始的信号，我非常紧张，但随着考试的进行，我越来越有信心。

三个小时很快就过去了，我坐在那儿满脑门汗珠，目不转睛地望着这个掌握我未来人生钥匙的电脑。我相信肯定会有人听到我心跳的声音。屏幕闪了一下，然后跳出一则信息："你的分数正在处理中，请稍候。"

等待仿佛持续了很久。分数终于出来了。通过了！我长长地
嘘了一口气。

从那一天起，我就沿着一个方向不断努力。我的业绩不但超
出了自己的期望值，而且超出了那个给我机会的经理的期望值。
他见证了我的个人销售业绩增长1700%，还看到我成了"有线销
售奖"电视栏目的嘉宾。

我的经历验证了梭罗的话。他说："如果一个人自信地朝梦
想的方向前进，以破釜沉舟的勇气争取他梦想的生活，成功就会
在他意想不到的时刻突然降临。"

踮起脚尖，实现梦想

堵车，已是一个世界性难题。面对堵车，兴许你只不过发发牢骚，甚至"国骂"一句，也就只好"作罢"而心安理得地耐心等候了。然而，有个名叫刘园的女大学生每每遭遇堵车都会想：如果能想出一个办法来解决这个问题就好了。

寒假的一天，刘园一家人一边吃饭一边看电视，新闻正在报道北京"堵车"现象给人们出行带来的烦恼，同时有关部门征集解决方案，并将对解决堵车问题的人进行奖赏。父亲开玩笑式地提议："不如我们来试试。""好啊，试试就试试！"

接下来的几天，刘园和父亲进行了深度"聊天"——无论是单双号限行，还是单层高架桥，这些似乎都是治标不治本。——是啊，应该找到一个治本的方法才好。——红绿灯对堵车是有影响的。——你想取消红绿灯？——这是一个很好的切入口呢！——有什么具体想法吗？——有啊，使用钢结构建造立交桥，通过多层次交叉路径实现无信号灯通行。——不错。有了初步想法，还需要反复论证哦！——知道，我会一步一步落实的。

现在该介绍一下了：今年23岁的刘园是青岛农业大学的大

三学生（2009级），学的是"理学"和"计算机科学与技术"专业。刘园和其他女孩儿真有点儿不一样：比如看电视，一般女孩子都喜欢韩剧和综艺节目，甘当偶像的"粉丝"；而刘园把遥控器对准了"科教"、"农科"、"财经"、"法制"等频道。"主要是他们的思维方式和处世态度，给了我很多启发。"刘园说。

刘园整天整天地去十字路口蹲点，观察道路交叉现状、厘清车辆分流情况、分析行人流动方式等，收集了大量的一手信息，并随即画出了一些即兴草图。回到家里，刘园就在电脑里设条件、解答案、画草图、写创意。

刘园的父亲也没有闲着。在建筑公司工作的父亲，在一旁不断地"敲打"女儿，提出这样或那样的"不同见解"，以激发女儿的发明创造灵感，修正女儿的初步方案缺陷，并亲手帮着女儿绘制了先期的设计图纸。即使寒假结束，刘园回到学校后，她仍旧保持和父亲的"隔空论战"，你来我往地"争辩"不休。最后，刘园的发明方案定为"十字路口钢结构活动式立交桥"。

进入"攻坚"阶段了。为了保证设计细节的精准和美观，刘园查询了大量资料，泡在图书馆里阅览了许多设计大师的专著，从材料选择配备到桥梁坡度要求以及世界各国对钢结构立交桥的研究等等。

"十字路口钢结构活动式立交桥"，不同于现在红绿灯从时间上分散车流人流的方式，而是一种从空间上分散车流人流的创造性方案。借助演示视频，刘园向有关人员讲解演绎了这个结构的工作原理——在十字路口地面上架设三层可活动的半圆形钢结构，自下至上，第一层纵向左转车行道及横向人行道；第二层为横向左转车行道及纵向人行道；第三层为纵向直行和右转车道。这样一来，所有的车流人流就可以并行不悖，无须等待，大大提高道路的通过能力，从而解决堵车问题。

经历了一年多的努力，2011年10月19日，刘园和她的父亲首次向有关部门公开了"十字路口钢结构活动式立交桥"发明方案，经过一段时间的再论证，于2011年12月向国际PCT（专利合作条约）提出了正式申请。2012年3月17日，该发明方案一举通过了国际PCT认证，刘园收到了专利证书。——就这样，一个女大学生用"十字路口钢结构活动式立交桥"这项专利发明，同时满足了创造性、新颖性和实用性，顺利解决了堵车这一"世界性难题"。

面对老师和同学的祝贺以及媒体记者的采访，刘园说："为了这项专利，虽然我已经累得筋疲力尽，但更多的是兴奋与骄傲。此时，我希望可以吸引企业投资，让这项专利真正得到应用。"其实，除了解决交通堵塞问题外，刘园还有"高层楼房集水装置"等几项发明创造呢。

时刻想着发现问题，不断实践解决问题——她正努力地踮起脚尖，踮高一点，再踮高一点去触摸自己向往的一个个梦想。

我们曾经不堪一击，
但终会刀枪不入

我们都曾不堪一击，
我们终将刀枪不入。
爱过，错过，都是经过；
好事，坏事，皆成往事。
时间会证明一切。

其实，通往成功的路不只一条

三兄弟从乡下到城市谋生活，一个叫怨天，一个叫怨地，另一个叫无悔。三兄弟结伴而行，一路上风餐露宿，幕天席地，遭遇漠漠尘沙，翻过七座高山，涉过二十一条大河，终于来到了一座繁华热闹的集镇。这里有三条大路，其中只有一条能够通往城市，但谁也说不清究竟哪条才是。

怨天说："咱老爷子一辈子教我的只有一句话'听天由命'，我就闭上眼睛选一条，碰碰运气好了。"他随便选了一条，走了。

怨地说："谁叫咱们生在那个地方呢，我没读过书，计算不出走拿条路最有可能，我就走怨天旁边那条大路吧。"怨地拍拍屁股也走了。

剩下的是一条小路，无悔拿不定主意。他想了又想，决定还是先去镇子里问问长者。长者见了他，但仍然是摇头，"没人到过城市，因为它太远了。而且我们这里的生活也不错。不过，孩子，我可以把我祖父的话告诉你：走错的路也是路。"

无悔记着长者的诚挚教诲，踏上了那条小路，寻找他的城市之梦。他经历的痛苦与艰难无与伦比，但是，每一次挫折，每一回失败都没有打倒他。当他面临绝境时，总是对自己说"走错的路也是路"，于是他挺过来了。在10年后的一天，他终于见到了朝思暮想的城市，凭这他杰出的韧劲与毅力，从一元钱的生意做起：擦皮鞋，拣垃圾，端盘子，后来他成为一家公司的普通职员，蓝领，白领，直到自己独自注册了一家公司。

30年后，无悔老了，他把公司交给了儿子打理，只身回乡寻找当年同行的兄弟。依然是那个贫困的小村，依然是茅屋泥墙，怨天和怨地住在里面，依然过着日出而做日落而息的日子，三兄弟各自叙述了自己的故事。

怨天沿着大路走了五个月，路越来越窄，野兽出没，一天黄昏，他差点被狼吃掉，只好灰溜溜地回来了。怨地选的那条路跟怨天并无区别，回来之后，他觉得一辈子不能抬头做人。无悔叹息地说："我走的路和你们一模一样，唯一不同的是我决定了就决不回头。"其实，每条路都能通向城市，走错了也照样是路。

我们曾经不堪一击，但终会刀枪不入

5岁，她指着橱窗里一个精美的芭比娃娃说："妈妈，我喜欢这个娃娃，我想要她，我会好好照顾它。"妈妈说："你很快就会玩腻的，然后抛弃她。"她坚定地说："不会的。"

15岁，她喜欢绘画，但由于手指天生畸形，画笔拿不稳，许多细节很难体现。

老师安慰她："没关系，遇到美丽的风景，即使没有办法留下来，铭记于心也很好。"

她想了想说："有办法。"

25岁，她爱上一个男孩，但是男孩并不爱她。

她说："在你幸福的时刻，我绝对不会出现。但如果有一天你不幸福了，我永远都在。"

男孩不在意地笑，用调侃的语气问她："你知道永远有多远？"

她咬了咬嘴唇说："一辈子。"

35岁，男孩结婚了，新娘不是她。

她做了出人意料的决定，毅然辞去稳定的公务员工作，卖了唯一的房子，去环球旅行。

朋友们都劝她："何必呢，谁都没有办法随心所欲地选择自己的生活，为爸妈想想，顺从命运，找个男人平静生活吧。"

她摇摇头说："可以选。"

45岁，她完成了两次环游世界的旅行，出版十余本摄影图集，本本热卖。

她甚至带着父母一起去了许多国家，最畅销的一本摄影书籍便记录了他们共同前行的身影。书的扉页上，是三口人依偎着的灿烂笑容。

她无法拿起画笔，却换了一种记录世界的方法。

也有人在网络上冷嘲热讽，说她出版这么多书，如果不是为了圈钱，还能是为了什么呢?

她回复："为了美。"

55岁，当初的男孩，如今的男人，突遇车祸高位截瘫，妻子卷了财产，弃他而去，只给他留了间空房与一个刚上大学、尚无收入的女儿。

她去找他，20年未曾再见，重逢时却是换了模样。

昔日的青涩少年如今歪着头，流着口水，浑身散发着腐烂的气息，坐在轮椅上一动不动，望着她泪流满面。

她也哭了，说："我来了。"

65岁，有流言传出，说她照顾男人多年，无非是为了男人名下那间唯一的房子。

男人的女儿也渐渐听信了这些传言。尽管这么多年，从大学到硕士的学费都是来自她默默的汇款，然而看向她的眼光还是多了几分异样。

了解她的朋友则劝她："趁着男人意识还清楚，跟他登个记，房子就算是夫妻共同财产。等他去了，好歹也算没白忙一场。"

她笑笑，说："没必要。"

75岁，男人含笑而终。离世的时候，面色红润，头发梳得一丝不苟，身体洗得干干净净，躺在洁白的床单上，床头一束新鲜的百合还在滴水盈香。

律师宣布遗嘱，男人把房子留给了她。她拒绝了，请律师将房屋卖掉，一半留给男人的女儿，一半捐赠给慈善基金会。

女儿跪在她的面前，流着泪请求她的原谅。

她抚摸着她的头发，俯下身亲吻了她的脸颊。

她温和地说："没关系。"

85岁，她出版了人生最后一本摄影图集，里面满满都是这些年她为男人拍摄的照片。

在轮椅上侧头听她读书的，微笑着赏花看海的，在床上安然熟睡的，在餐桌旁张大嘴巴向她索食的，靠在她怀里静静流泪的……甚至还有费力向她做鬼脸的有趣表情。

书的最后一张照片，是男孩15岁时的一张照片，穿着白色的衬衫，阳光下他看过来，露出年轻明朗的灿烂笑容。

她在下面写："我爱你。"

95岁，她坐在院子里的摇椅上，在阳光中眯着眼睛。女儿站在她的身后，为她轻轻按摩着肩膀。

她的怀里抱着5岁时那个芭比娃娃。

娃娃的衣服已经洗得发白，但她依然紧紧地握着，唇角露出幸福的微笑。

透过眼前的一丝微光，她似乎可以看到，自己墓碑上简单的三个字：做到了。

对于许多人来说，所有的抛弃、冷漠与遗忘，都可以被归给时间这只替罪羊。

然而时间平静而公正。它可以为了丑恶与失败，沉默地背起黑锅；也可以为了善良与成长，挂上荣耀的勋章。

画家常玉生前不被赏识，在穷困潦倒中离世，若干年后画作被卖到过亿的天价，时间为他证明了其创造的艺术价值。

秋田犬八公与主人萍水相逢，主人再也未从涩谷站口出来，它站在风里一等就是8年，时间为它证明了一条狗也可以为情谊坚守。

蒙哥马利将军爱上了遗孀贝蒂，她病逝后，他终生未娶。连丘吉尔都说："整个英吉利都不希望您是孤独的。"然而他说：

"爱上一个女人就不能再爱上另一个女人，就像我手中的枪，只能有一个准星。"时间为他证明了爱情的唯一和永恒。

不要害怕时间。如果心似磐石，分针秒针就只是忠实的目击者，记录下每一点辛苦与投入。

也不要忽略时间，一声声滴答不只是冷漠刻板的旁观，更是温暖而认真的催促：华年易逝，华年易逝。

时间是鲜红的铭章，是刻骨的伤疤，是功成的鲜花，是永恒的碑文，是主人都不曾记得的一本私密日记，多年后偶然翻起才发现，自己居然曾写下那么多醉人的字句，留书成传，一生足矣。

莱蒙托夫有首诗这样写道："一只船孤独地航行在海上，它既不寻求幸福，也不逃避幸福，它只是向前航行，底下是沉静碧蓝的大海，而头顶是金色的太阳。将要直面的，与已成过往的，较之深埋于它内心的皆为微沫。"

璀璨还是黯淡，永恒还是坠落，相聚还是离别，都不必多余的强调。

任这世间百态成妖，风弛火燎，狂浪拍礁。只需静心一笑，安然等待就好。

我们都曾不堪一击，我们终将刀枪不入。

爱过，错过，都是经过；好事，坏事，皆成往事。

时间会证明一切。

我的拼命，只想换一个普通人的生活

　　也不知道这些年的媒体是怎么了，或者，是从很多年前就继承下来了一种习惯：

　　拼命鼓吹着放弃高考、环球旅行、间隔年，凡是高考状元，必是学习轻松、天赋异禀。强调着"生命的意义在于体验最多而不是最好"。

　　水往低处流，人往高处走。大概完美的人生最让人艳羡，人人想要而不可得，便诉诸笔端而后快。

　　关于这些新闻的评论，其中一句让我印象深刻：

　　我没有皇城根下的家，也没有留过洋的爸妈。我只能要着牙拼命学习，在千军万马中挤破头，换来一个国内普通的大学，而我还要拼命努力，才能换来一个普通的人生。媒体却把千万个我们这种普通家庭却从没放弃努力的孩子，当成了傻瓜。

　　我特别想让你们看看另一种人生和另一种平庸的成功。

　　我出生在离县城还要开摩托车"突突突"半小时才能到的南方村落。

　　故乡有山，有水，有村落，有晚伴，还有父亲用来营生的一家食杂店。

有一天我半夜发烧，突然想吃点什么。

那时县城里的小孩已经把"旺旺雪饼"当成垃圾食品，在我们这儿还新鲜着。食杂店里的雪饼是撕开大包装按个数卖的，邻近的小孩路过，掏点零钱买来果腹。

我虽然知道不能乱动，却还是偷偷地撕了一块雪饼。

结果被我妈一顿暴打，她边打边骂，你个瓜娃子，饿鬼附身了不分好东西坏东西，拿来卖的东西你也偷吃。

我从来就不知道什么叫"好的人生"。

因为书本里有，所以我极爱读书。那时我才知道世界上，有那么多种高姿态的人生，有钱人有那么多丰富多彩的玩法。

我不知道读书能给我提供更多的选择，因为那是我仅有的唯一的选择。

第一次听到"素质教育"这个名词，是在我转到县城初中的时候。

开学式的时候，校长拼命强调"我们学校还是要重视素质教育"。

后来听班主任说，"素质教育"就是唱歌跳舞弹钢琴。我觉得奇怪，那怎么能算是教育的一种，这分明就是享受、消遣、奢侈。

还好，班主任说，这只是口号，喊一喊也就过了。

后来，我还真成了"素质教育"的领头羊。

我在县高中的组了乐队。虽然这个所谓的"乐队"，总共就唱了一次。在学校黄沙漫天的操场上，用大音量的功放，配上含混不清的英语歌词。

那时候住校生里刚流行起录像的手机，像素极低。大家拿着手机"咔咔咔"地录着，留下了我们现在看来自取其辱、但在当时自认为"巨星范儿"的表演。

后来，我才知道，在同样的年龄，已经有很多人在校园里拿着贝斯吉他，在开一场真正意义上华丽璀璨的演唱会了。

我们明明在同样的年纪做了同样的事情，可是我没有机会也没有人告诉我怎么样才能做好。

高考报志愿的时候，我报了一直认为穷人是学得起中文，因为书里都说"贫家多文人"。

到了大二，我就后悔了。因为所有人都告诉我"你想做中文，你想学媒体，先把自己捯饬清楚吧。媒体就是个就算穷到叮当响，还得把自己包装得光鲜亮丽的行当啊"。

但女孩终究是爱美的，虽然走了些弯路，还是人模狗样地度过四年，漂漂亮亮地出师了。

我走在路上会被别人叫做"靓女"，虽然真实性值得商榷。

毕业我留在北京，第一份工作是在一家小网站，做一些深度访谈，每周休一天。单位小，分工不明确，跑现场、写调查、更新自媒体，像一块随时可以安在任何位置的砖头。

我记得第一次拿工资是7月11日，我那时候好激动，直接用网银转了一笔最大额度的钱给家里，然后特别开心地给家里打电话。

"我寄钱回家了！你记着收。"

然后我把具体的额度报出来。

我爸很惊讶："怎么寄这么多？你自己没留着点用？"

我等着就是他的这一句话，我狠狠握着电话，笑得像是下一秒嘴角都要咧到头上：

"我还有！爸，我还有！我一个月赚可多了。"

这是我除了大学时结余的钱以外，第一次寄回家的钱。

我挺喜欢走在北京的大街上，听着来来往往不同口音的声音。在反光镜里看自己的模样，平庸得像任何一个走在路上的人。

我想到我的孩子，他虽然可能不会有一个北京的户口。但至少有一个见过北京的母亲，可以告诉他这世界还有不同的样子。

他吃"旺旺雪饼"的时候，可以大大方方地撕开包装，一口一口地咬，不用舔干净上面的糖花。

他已经可以看到比我当初看到的更远，更辽阔的世界。

当年父亲依依惜别送我前往的北京，他也已经来过了几次，每次都说着"有生之年，托你的福，让爸爸也来瞧了一眼首都"。

这普通的日子，足以让我热泪盈眶。

科比说，他知道每一天洛杉矶凌晨四点的样子。而我，知道北京每一个凌晨一点的样子。

十点半从单位下班，用打车软件叫辆车，一路闲侃。司机也多是混迹在大城市里的外乡人，买了车，却依然抱着能省则省的目标，在休息的时间里出车赚油钱。

我们一起看着北京的街道，对着晚上十点半依然灯火辉煌的城市内心感慨着：这是我的北京啊。

万籁俱寂，我们终于有了自己的一方天地。

刚开始，人们在网络上口诛笔伐"凤凰男"的时候，其实作为一个"凤凰女"（虽然以我的工资根本称不上凤凰），我的心里是有些抵触的。

后来便释怀了，我不仇富仇美，更不把精力放在所谓的"不公平"上。你们不甘于成为普通的人，追逐诗和远方，而我还要拼了命的努力，才能换来一个最普通的人生。

但那又怎样，至少，我现在已经有了最普通的人生，能在7

月11日给父亲打一笔他眼里的"大钱"，能看到深夜里灯红酒绿的皇城根儿，能像一个普通人一样昂首阔步地走在路上被人喊一声不知真假的"靓女"。

眼前的苟且不可怕，因为我知道它在一天一天变好。我也有自己的诗与远方作为闲时的消遣，余下的时间，我挤在早高峰的地铁上，认认真真地生活着。

找一扇梦想的侧门

　　张立勇是全国闻名的"清华神厨"，当年他是清华大学第十五食堂的一名厨师，在英语托福考试中取得630分的优异成绩，让广大学子刮目相看。

　　回望他的成长经历，你不得不佩服他的睿智和顽强。他出生于江西省一个贫困的小山村。高中时，他曾梦想考上理想的大学，改变贫困的命运，让家人和自己过上幸福的生活。可是，他读高二时因家里无钱缴学费被迫回家。梦想还没开花，这个晴天霹雳犹如狂风暴雨要掠走已经发芽的梦想。回到家里，父亲四处求人借钱，不仅没借到钱，还遭到别人的冷嘲热讽。

　　张立勇的人生跌入了低谷，情绪低落到极点。就此放弃自己的梦想吗？他很不甘心，他希望将来能像自己的同学一样坐在窗明几净的大学校园里学习、生活。乡村的夜晚是那样寂静，冷清的月光照在房间里，一颗不甘命运摆布的倔强的心终于做出了一个大胆的决定：远走北京去追梦。

　　张立勇的目标非常清晰，要到大学校园去应聘工人，既能挣钱养活自己，又有机会学习，只有这样才能续梦。第二天，他就踏上北上的列车到了北京。天遂人愿，张立勇当上了清华大学食堂的厨师，梦想又找到了开花的地方。他暗暗发誓：要像清华那些同龄学子一样学有所成，让父母过上幸福的生活。

他非常珍惜来之不易的生活，努力学习，以英语为突破口。他制订了严格的学习计划，因为工作，他得凌晨4点半起床，可是他3点半就起床提前学习一个小时，晚上7点半下班后再学习5个小时。为了不影响工友们休息，他常常跑到路灯下去读英语。

后来，在一场讲座中一举成名。他流利的英语让美国专家和清华学子赞叹不已，当得知他是一名厨师时，现场掌声雷动。此后，食堂经理为他的求学打开方便之门，减少他的工作让他多进教室听课。很快，他就接连通过英语四级、六级考试，后又在托福考试中夺得630分的超高分，被媒体誉为"清华神厨"。

张立勇坚持学习，取得了北京大学的本科和南昌大学的研究生文凭，他写的书《英语神厨》被评为"全国青少年最喜爱的书"。因为有了丰厚的稿费，他在县城给父母买了一套商品房。为了激励广大学子，他团结了一批青年精英在全国各地做励志演讲。他也获得了"中国学习十大青年"等多项荣誉。

张立勇的梦想已经开花结果，当年他身处困境选择清华无疑是个明智的选择，虽然是当厨师，但是这里有浓厚的学习氛围和免费旁听的机会。厨师是个跳板，为他赢来清华校园这个平台，在这里，他可以免费得到向高手学习的机会，拓宽了视野，还得到清华广大师生的热情提携。当年辍学回家似乎与大学永世无缘，梦想眼看夭折，而他的智慧在于及时调整人生的航向，把清华厨师作为续梦的跳板，表面上做厨师，实际上读大学。

在人生道路上，当梦想受阻时，我们迈不进梦想殿堂的正门，不妨调整思路，找到一道侧门，虽然付出更多的艰辛，但也会修成正果，因为侧门和正门是相通的。有时，梦想也须转弯。

折翅前飞

　　高中的时候，他爱上了电脑和网络。他省吃俭用，硬是从父母给的生活费中攒下一笔钱，买了一台电脑。他的理想是考上大学，当一名网络工程师。可是，他的梦想很快就破灭了。因为干了一件蠢事，他被学校开除了。那一年，他还在读高二。

　　人们把高考比作是千军万马过独木桥。可是，他连挤那座独木桥的机会都没有了。人生没有后悔药，一切都无法弥补。他不敢把真相告诉父母，每天按时回家，按时"上学"，"上学"的地点是网吧。其实，在网吧的那段日子并不好过。他就像一只折了翅膀的小鸟，想飞飞不起来，像走走不远，整日诚惶诚恐，害怕暴风雨的来临。

　　在他最失意的时候，一次偶然的机会，让他重新找到了自信。这天，那家网吧的系统出了故障，技术员怎么也找不出原因。在一旁观看的他笑着对老板说："让我来试试！"老板用疑惑的眼光打量了他好一会儿，最后终于决定让他"把死马当作活马医"。他一出手，几分钟就搞定了。老板很高兴，决定聘请他当网吧的技术顾问。

正当他在网吧开始自己新生活的时候，老爸突然出现在他的面前。他知道事情已经败露，便摆出一副死猪不怕开水烫的架势，跟着老爸回到了家里。老爸点燃了一根烟，狠狠地抽了几口，又把烟在烟灰缸摁灭。老爸说："上不成就不上了，上大学只是人生的一条路，除了这条路，你还有许多路可以选择！从今天起，你可以做你喜欢的一切！"他诧异地看着老爸，几乎不敢相信自己的耳朵。他躲避了这么多天的暴风雨就这么过去了？

他打点行装，去广州一家电脑城打工，给买电脑的客户装系统，每个月3000元工资。活儿不重，工资也可以，还能接触到最新的电子系统。那个时候，装一台电脑需要2个小时，重复劳动，没有一点技术含量。他决定研发出一种新的系统，缩短装机时间，让自己更轻松地工作。

他为自己的想法激动不已。于是，他在为客户安装电脑系统的间隙里，开始了自己的创新。他干脆住到了公司里，通宵达旦地在电脑前捣腾。公司领导以为他在工作，还多次对他通报表扬。领导万万没有想到的是，这个小屁孩正在对微软公司研发的Windows系统进行修改！

一个多月后，他成功优化了Windows系统，并且编写了一种新的安装系统，这就是Ghost系统。这种系统把电脑安装时间从2个小时缩短到了20分钟以内。别人忙得天昏地暗，一天只能装20

台电脑，而他却能轻松地完成120台电脑的安装任务。就这样，他成了圈内的"帮主"，许多客户慕名前来找他安装系统。

他不满足，他决定自主创业，好友赖霖枫的到来坚定了他的梦想。赖霖枫几次高考失败，最终也来到了广州，笑称他们是殊途同归。两个人一拍即合，决定投身互联网，开办公司，自己当老板。

工商局的工作人员看到这两位打着赤膊、穿着短裤的小屁孩，惊讶地问："你们要注册公司？别开玩笑了！"那时候，国内还没有网络公司这个名称，也难怪工商局的工作人员疑惑。他们邀请他到自己的公司实地考察。可是，他们所谓的公司只有几台电脑，老板加员工也只有他们两个人。他耐心地给工作人员讲解他们公司的业务，最终赢得了工作人员的支持。就这样，他们的公司开张了。

他的名字叫罗文。他们的公司名叫雨林木风。几年后，雨林木风已经成为国内知名的计算机软件开发企业，自主研发了开源操作系统、聚合搜索、网络硬盘等7个专利项目，打造了"导航+存储+系统"的云计算多元化发展模式，先后与百度、Google、金山等众多IT行业巨头签订了合作项目，资产达到1亿美元以上。

折翅也能飞翔。其实，每个人的人生都不可能是一帆风顺的。当你的梦想毁灭的时候，请你一定不要灰心。因为，只要你坚持，风雨过去，人生的太阳就会更加灿烂！

沉默的餐厅

在一般的餐厅里，客人们总是习惯一边吃饭一边交谈，气氛越热烈越好。可是纽约的一家餐厅却很奇怪，如果你用餐时不小心说了话，服务员会毫不客气地将你赶出去。

餐厅老板尼古拉曾经是一位上班族，职场中，竞争激烈，压力山大，累了一天，根本不想下厨做饭，很多时候，他都是在餐厅解决。

那天，尼古拉被一个项目折腾得心力交瘁，下班后，到餐厅点了几样简单的小菜，本打算好好享受一下片刻的宁静，可是餐厅里嘈杂不堪，有情侣谈情说爱，有夫妻谈论家事，有朋友谈论工作，各种话题往耳朵里钻，像一个个小飞虫惹人烦。

正烦着呢，忽然有人打招呼，原来是公司同事，熟人见面，总要寒暄几句。看着同事一张一合的嘴，尼古拉真希望自己有魔法，让所有人全都闭嘴。

这样的情况几乎每天上演，这让尼古拉万分苦恼，每日奔忙，已经够烦够累了，说的话也够多了，好不容易盼来用餐时间，本想好好清静一下，却总是不能如愿。如果有一家餐厅，规定所有客人都不许说话，自己一定第一时间冲进去。

环顾四周，这样的餐厅根本就不存在。可是，像自己一样渴望宁静的人一定不少，自己为什么不开一家这样的餐厅呢？

尼古拉决定大胆一试。他租了一间房子，怕人太多会发出声响，房间里面只设25个座位。厨房提供的饭菜也很简单，都是南瓜汤、自制面包、沙拉等家常饭菜。

餐厅以"沉默"命名，四面墙壁上都贴着店规："用餐时请保持沉默！""不要言语交谈，否则，请出去！""安静吃饭，别说话，这里不欢迎说话的嘴！""请在这里安心享受宁静的美！"

乍一看上去，这家餐厅既不豪华，也没有特殊的美味，在创意不断的餐饮界，实在没什么竞争力，可是，餐厅开张后，却一直生意兴隆。因为为生活奔波的人们，被各种利益驱使，沉默的时间太少，真的很渴望宁静，不被任何事物打扰，只安心地享受食物的纯真味道。

25张座位根本不能满足顾客的需要，很多人想要前来用餐，都得提前预订，但是，尼古拉并不打算增加座位，物以稀为贵，再好的东西，如果泛滥，就会成灾。沉默也一样，人不能天天用餐都保持沉默。

理想里充满乐观

　　小时候，每次考试之后，总有几个成绩不理想的女孩哭得一塌糊涂，急得周围的同学们搜肠刮肚地想法子劝解。她却是个例外。成绩一向突出的她即使偶尔失手，大家也丝毫看不到她的失落和难过，挂在她脸上的始终是开心爽朗的微笑。时间一久，班里的同学都明白了一个事实——想让太阳从西边出来有可能，想让她放弃自己的乐观根本不可能！

　　几个要好的女同学私下里问过她："你考试成绩不好的时候不伤心啊？怎么就没看见你哭过鼻子呢？"她脸上仍旧挂着蜜一般的微笑："谁也不能时时刻刻都出类拔萃，只要我尽力做到了最好的自己，那就够了。全力以赴地付出过，剩下的就是乐观地面对生活。"

　　后来，她身患重病的父亲去世了，家里的生活一度拮据到了极点，有时候一天只能用一个面包勉强充饥。然而，即使面对如此恶劣的环境，擦干眼泪的她仍旧面带笑容继续生活，并且在学业上取得了骄人的成绩。

　　十几年之后，已经成为上海电视台当家花旦的她，生活有了巨大改变——拥有一份人人羡慕的职业，还买了自己房子，事业、生活一帆风顺。就在此时，中央电视台突然向她发出了邀请。一方面是已经拥有的不小的成功，依靠几年辛苦打拼才积攒下的人脉和地位；一方面是一个全新的发展机会，却要面临着一切从零开始的挑战。经过慎重考虑之后，她还是毅然选择北上，在竞争异常激烈的中央电视台开始了新的打拼。

刚刚来到北京那会儿，是她人生最低落、最压抑的一段日子。在那段最苦最难的日子里，她没发过一句牢骚，也没有丝毫的抱怨。她告诉家人和朋友，自己已经尽全力做到最好的自己了，如果不能成功，也该轻松快乐地去面对。她的乐观感染了身边所有的人，大家不再多说什么，只是力所能及地多给她一些帮助。

很快，人们开始被电视里一个叫欧阳夏丹的女孩吸引了。她俏皮的语言、乐观的性格、专业的主持能力，给越来越多的观众留下了深刻的印象。这个累得几乎虚脱，还在调侃着"黑夜给了我黑色的眼圈，我把它奉献给《第一时间》"的女孩以其独特的魅力迅速成为央视知名主持人。

"气球里充满了比空气轻的氢气，它才能飞上天空。"在谈到自己成功经历的时候，欧阳夏丹用一句话来总结自己："我的身体里充满了快乐轻松的生活理念，所以我能飞翔。"

汪洋中的一条破船

"嗨嗨嗨，你们快看，跛子来了，跛子来了。"

一群小孩都来看热闹，小丰喜不说话，只是埋着头，一边费力在地上爬，一边手里挎着个水壶，他要把水壶送到在田间干活的爷爷那里。那些讨嫌的小孩把他的水壶踢开，他并没有哭泣，只是郑重其事地对那些小孩说："我和你们一样，有脚有手，只不过我的脚长得奇怪而已，你们干吗要欺负我。"

小丰喜从出生开始就饱受人间冷暖。他出生时，母亲看到他是一个跛脚的孩子，直接从床上昏了过去，在那个食不果腹的年代，正常人生存下来都那么艰难，他这样一个残疾的孩子，以后怎么养活自己。

小丰喜从小就很懂事，虽然知道自己是个残疾人，但力所能及的事情他都会主动去做，割猪草喂猪，养鸭子，捉田螺，样样行。他平日里很喜欢听爷爷讲故事，每个夏季的晚上，他都会和爷爷坐在院坝里纳凉，然后听爷爷讲那些遥远的名人励志故事，爷爷告诉他："丰喜，给你取这个名字，就是希望你以后丰收喜悦，你要好好生活，要站起来，而且要站得很好，爷爷相信你是个坚强的孩子。"

可是6岁那年，爷爷便离开了他，他很悲恸。父亲和母亲为了让他学一门手艺，毅然地将他托给了一个耍猴的老头，然后他和老头过起了漂泊的日子，在那段不堪回首的时光里，他白天耍猴戏，夜里学认字。8岁的时候，耍猴戏的爷爷去世了，他只能自己从很远的地方爬回去。

母亲悲喜交加，看见他小小的身躯挎着包袱爬回来时哭得像个泪人。幸运的是，丰喜可以读书了，他进学堂后，特别认真刻苦，年年都拿奖学金。生活很艰苦，为了给家里减轻负担，他的便当里从来都只有地瓜或干饭，有时候中午饿了甚至不吃饭，就喝一点白水。

看见邻居家的孩子和哥哥们可以骑单车，他眨巴着眼睛自己也想骑。他一次次地摔倒，又一次次地站起，后来居然真的能骑车了。

读中学后，他得到了学校领导的关注，他们找医生给他做假肢。这样，丰喜真的能站起来了。他一边读书，一边利用业余时间在书店里打工，读了很多书，最后考上了大学。在大学里，人人都知道他的事迹，他乐观向上，完全不像一个残疾人，他和同学互帮互助，结下了深厚的友情。

可是，大学毕业后，他并没有选择在台北做高薪的职业，而是决定回家乡做一名普通的老师。他说："我虽然是个跛子，但是我很幸运，我得到了那么多人的帮助，我还读了大学，我要为家乡做一份事业，让更多需要帮助的人得到更多的爱。"

妻子鼓励他将自己的经历写成书，后来他的自传体小说《汪洋中的一条破船》出版，多次翻印，他的事迹流传开来，1974年他名列台湾第12届"十大杰出青年"，他的事迹被拍成电视剧后，荣获金马奖。

我一生总是跳着舞

　　蓝色的帷帐前，她身着一袭宽大的白色舞衣，头发披在两肩，赤着足，蓝灰色的双眼充满了生机。她自由地舞蹈着，如同蔚蓝色的爱琴海上飞翔的海燕，身披着雅典圣洁的光辉；又如同太平洋之滨，树叶招展的塞拉雷发达的松林，舞于落基山之巅……

　　她是爱莎多娜·邓肯，一位来自美国的革命者。

　　"教师叫我用脚尖站立，我问为什么要这样，他说这样美丽些，我说这不是美丽，而是非常之丑，这是反自然的。"脱去紧身衣裙，脱去芭蕾舞鞋，何以要这些繁琐丑陋的玩意？舞蹈，本就该为心灵的肢体反应，是伟大的精神艺术。她建立的舞蹈学校，没有华丽的服饰，只有从心灵流露出的美丽。她说："要充分培养出孩子们的美丽、自由和力量。只要她们手牵手走过舞台，就比任何坐在包厢里的女子所戴的宝贵珍珠都美丽。"

　　"是歌舞之神教我的，我能够站立的时候，便跳起舞来。"与其说这是对舞蹈的革命，不如说这是对人本性的回归与解放。

　　"我一生总是跳着舞。人类以及全世界都是我的舞台。"当她在台上舞着，她的眸子染上来自遥远的古希腊神圣的光芒；她的脸庞如圣母一般美丽，如天使一般生动；她的肢体即是她的灵魂，她的舞蹈是由心灵散发！只有如此，她的艺术才会如此地引起热情的欢呼，引起人类心灵的共鸣。

邓肯的革命，不止在舞蹈。在她舞蹈着的一生，同时也是追随心灵的一生，有一种精神是极可贵又令人无比钦佩，那就是坚持与勇敢。

从三藩市到纽约，再乘着运牛船来到伦敦，难以想象一个出身贫寒的女子是如何追寻着艺术的理想来到了欧洲，又如何从起初在贵夫人家中的晚宴上跳舞讨得一些饭钱，跳到后来在各国的舞台上演出台下座无虚席、欢呼与掌声如雷。

作为一个女子，当她的三个孩子接连夭折，似乎再也没什么能让她重新快乐起来了。爱情也终于只是带来更深的痛苦，唯有艺术——在她想要追随她的孩子们去了的时候，学校里的孩子们围着她说："爱莎多娜，为我们而生存吧，我们不也是你的小孩么？"是啊！已将艺术的籽播下，她要为自己艺术的理想继续舞蹈，直到生命的尽头！

"我一生总是跳着舞。"邓肯，当她追寻着艺术圣洁的光芒来到希腊，然而那两千年前的美终究无法了解。这所谓希腊式的舞蹈，其根源竟是她的爱尔兰祖先远渡重洋，开拓荒野，与印第安人战斗的精神。爱莎多娜·邓肯，说："我要替美利坚的儿女创造一种新的舞蹈，来表现美利坚的精神。""这种跳舞，没有芭蕾舞的柔弱，黑人舞的肉感，这种舞蹈是圣洁的，我已经能想象着美国跳舞——一只脚立在落基山的最高峰，两只手从大西洋伸张到太平洋，头插入云霄中，额前炫耀着星光。"

而我，也似乎看到了爱莎多娜在我眼前跳舞——心灵之舞，象征着自由、反抗、勇敢与坚持的美利坚之舞！

我就想做一个稻草人

　　一片绿油油的油菜花田，站着一个穿亮橙色外套的"稻草人"，这个"稻草人"时不时会站起来挥舞手中的武器，赶走前来啄食菜籽的鹧鸪。近来，英国班格尔市一个名叫威廉扬斯的农夫终于不再为怎么驱赶偷食菜籽的鸟类而烦恼，因为他招聘来了一个真人版的稻草人，而且这个稻草人非常热爱自己的工作。

　　稻草人的真实名字叫贾米·福克斯，前不久刚毕业于英国班戈大学。福克斯在大学修的是音乐专业，毕业之后，他四处找工作，可几个月过去了，却一无所获。一天，福克斯第三次被用人单位"赶"了出来。他万分沮丧，干脆将所有应聘简历塞进公文包，然后坐上一辆计程车准备到郊外散步。

　　他只叫司机一直往前开，因为连他也不知道自己要去哪里。计程车经过一片嫩绿的菜地时，福克斯突然喊"停"。下车之后，福克斯才发现，这段时间以来，自己为了工作一直奔波，已经很久没有和大自然亲密接触了。此刻，他迫不及待想要徜徉在那片绿色的油菜花田当中，尽情呼吸新鲜的空气。

　　福克斯在油菜花田待了整整一个多小时，心情非常愉悦。就在他抬腿想离开的时候，突然被一个声音叫住了："年轻人，请等等！"

福克斯回头一看，身后站着一个满面红光的老农夫。老农夫向福克斯自我介绍："你好，我叫威廉扬斯，是这片油菜花田的主人。"

福克斯不好意思地说："你好，扬斯，刚才我并没看见您在花田里，所以冒昧地在此处游玩了很久。"

"哦，年轻人，我叫住你并不是为了责备你，而是想请你帮一个忙。不知你是否愿意以后天天在花田里游玩，帮我看护这片油菜花？当然，看护是有薪酬的。"扬斯委婉地说。

福克斯满脸疑惑，他不明白扬斯说这话的意思。扬斯解释说，自己去年在班格尔市郊外多处地方承包了土地，种植各类蔬菜。平时，他只需要轮流在这些地里翻翻种种、浇水施肥，不用专门留在哪块地里看护。但是，近来这块土地种植的油菜花结籽了，很多鹧鸪都会趁扬斯不在时偷偷飞来啄食菜籽。扬斯曾在地头架过各式各样的稻草人，可聪明的鹧鸪丝毫不惧怕这些传统的稻草人，依然日复一日地飞来。刚才，扬斯看见穿着亮橙色外套的福克斯一站到油菜田，偷食的鹧鸪就吓得赶紧飞走了，所以他希望福克斯帮他看护这片油菜花田，也就是说，他想请他当"稻草人"。

扬斯本以为福克斯会想都不想就拒绝他的请求，没想到，福克斯竟然答应试试看："反正我现在也没有工作，我就暂时在这里工作。只是不知道，我能否在菜地里弹奏我的乐器？"扬斯乐呵呵地说："当然，在田间，除了帮我赶跑鹧鸪以外，你可以做任何事情！"

就这样，福克斯当起了稻草人。他每天都穿着亮橙色的外套自由穿梭在扬斯的菜田里。他只要工作8小时，并不需要时时赶鹧鸪，因为鹧鸪看到他那身晃动的亮橙色就根本不敢靠近。福克斯闲余的时间很多，可以用来看书或者弹琴。如果看到鹧鸪在头顶上盘旋，福克斯就会立即跳起来，用手风琴或牛铃弄出一些可怕的噪音，将飞鸟吓跑。对此，扬斯非常满意，他每周都支付给福克斯300英镑。

福克斯从事真人版"稻草人"工作的消息让一些朋友惊呆了。不过，当他们看到福克斯在田间悠闲地看书弹琴或者静静发呆的时候，他们的惊愕变成了羡慕："我们的工资比你高不了多少，但是，我们要比你忙碌百倍，你是幸运的，福克斯！"福克斯也笑着回答："是的，如果我一直找不到更适合我的工作，我愿一直做个'稻草人'，吸尽所有新鲜空气！"

心中的天堂

　　朋友的住宅附近有一片天然的洼地。水从远处山丘上的蓄水池中流出，通过一个可以调节水流大小的阀门开关之后，缓缓地注入洼地里面。夏天雨水充盈的时节，这片洼地便蓄满了水。澄澈的水面上便会铺满盛开的莲花，洼地旁边的林子中传来蝉鸣鸟啼，分外热闹。朋友爱极了这片土地，称这里是他的大农场，而那片洼地就成了他的莲花池。

　　他是个博爱的人，所以在他的领地上从来都看不到"私人所有，不得擅入"或"擅入必究"的字样。相反，他在莲池边竖起的"这里的莲花欢迎你"的标语牌吸引了周围的邻居和风尘仆仆的路人。他愿意与别人分享自己的一切。在这个世界里，他感到由衷的快乐。用他自己的话说，这里是他一生中最伟大最成功之处。

　　这片土地的水源供给原本丰沛，他又总是把水池的进水阀开到最大，这样，不仅在栏边驻足的牛羊能饮到甘甜的山泉，邻家的田园亦可受惠。

　　然而，有一段时间他无暇顾及庄园，便将房子转租了另一个

人。新房客是个很"实际"的人。他一住进来，就先把连接莲花
池与蓄水池之间的阀门关闭了，之后又移走了原主人的"这里的
莲花欢迎你"的标语牌。

很快，那原本如天堂一般的农场发生了翻天覆地的变化：莲
花凋谢，池中游鱼化为枯骨，岸边不再有芬芳的野花，鸟儿也不
在此停留，栏外成群的牛羊再也饮不到甘甜的清泉。

这些变化似乎都是在一夜之间发生的，以至于当那些曾在
天堂般的莲花池边玩耍的孩子面对着伏地池底烂泥上枯萎的花茎
时，不由得目瞪口呆。

实际上，造成这一切差别的原因却十分简单，仅仅是因为新
房客关闭了引水的阀门，阻断了来自远山的水流，从而毁坏了生
机盎然的莲池，也剥夺了周围邻居与沿途路人的幸福。

这就是影响的神奇力量。美好的东西只有与人分享才有生命
力。当庄园的主人用博爱之心去经营时，这座庄园就是天堂，而
新房客的狭隘却将其变成地狱。天堂与地狱的差别，完全来源于
两个不同的心志和意念。

莲池中的莲花和人一样拥有生命，但是她们却不能掌控生
命，得依赖于人类供给水源才能生存。人类则不同，人的生命要
强势得多。至少能够想象未来的生活，能够自由地选择外界的信
息和能量，能够自由地掌握自己的思想。庄园的主人和所有人一

样平凡，但是他的心中有一座天堂，他按照自己的愿望经营自己的庄园，赢得了他人的尊重和欣赏。

人的一生只有自己能够主宰，而决定其人生最重要的因素是头脑中的想法，因为这些想法都是行动的潜在驱动力，也决定着行动的方向。虽然我们不是上帝，但也不必为自己暂时的无能为力而气馁，只要心中有一座天堂，终有一天她会出现在你面前。

学会寄存失败

　　他曾经失败过，而且是惨败！当时父亲没有过于严厉地横加指责，而是带着他去旅行散心。每到一座城市，父亲都要让他留意都市火车站附近的行包寄存处。他满心不解：那有什么好看的，既不是景点、也非名胜！

　　的确，在都市的火车站附近，常有不少行包寄存处，方便旅客把笨重的包裹、行囊卸下。寄存行包之后，便可以轻轻松松地逛市景风情或办自己想办的事情，这就是寄存的好处。所以，行包寄存处常常宾客盈门、络绎不绝。

　　父亲说，芸芸众生，寄存过"行包"的人自然不在少数。然而，我们可曾寄存过"失败"？其实失败也是一件行包，有时还是一件特别沉重的行包。

　　一朝被蛇咬，十年怕井绳。——这样的失败者不曾寄存过失败！他们非但没有寄存，反而反失败的行包紧紧地负载在身上，不仅让失败重压自己一时，甚至于浑然不觉中让失败大面积、恒久地重压自己一生一世。

　　一败涂地、一蹶不振。——这样的失败者也不曾寄存过失败！他们被失败的行包瞬间彻底压垮，连站立的勇气都被压也了碎片。一地残骸、一地伤悲，想再度崛起，已经气若游丝，失去了支撑的力量。

当然，手提重物、捆绑沙袋，对于少林武人练内功是不可或缺的。然而，对于寻常人生，我们寄存行包、寄存重物、寄存失败则更为可取。不是吗？

倘若寄存失败，我们将轻松上路，一扫失败的阴霾，腾出被失败情绪占据、耗费的能量，把这些能量连同高远的心志尽情挥洒在通向胜利的金色跑道上，我们定能收获多多、幸福多多。是的，因为寄存失败，我们得以完成这样的能量转移，谛听成功的足音：因为寄存失败，我们能够进行这样的能量重置，预览胜利的光标。

倘若寄存失败，我们将解放肩胛和背脊，进而解放被重压得变形、变色的心灵，让血脉畅通，气贯长虹。神清气爽之后，我们定会获得搏击的力量。那时，春天是我们的，雨露是我们的，智慧是我们的，风华是我们的，世界也是我们的！

斜阳中，父亲语重心长的话语萦绕在他的耳边、回响在天边的晚霞里——像寄存"行包"一样，让我们也学会寄存"失败"吧！

不想当将军的好士兵

　　小周重点大学毕业，是公司通过海量招聘优选进来的。他聪明好学，做人做事都很积极主动，对业务挺上心，半年之后就在一群新人中凸显了出来。在每个月的例会上，老总也几次表扬小周，并说这样优秀的年轻人就是我们的未来，也是我们要重点培养的后备经理。自此之后，小周更加积极，大包大揽，并开始在几个同期新人面前表现出了"长者"风范。私下的聊天中，小周并不避讳自己充满理想的职业规划——三年当上研发部主任，五年升任副总，30岁，自己创业当CEO。

　　一年半以后，小周看到了机会。研发部要设立一个新的科研项目部，负责人实行自荐竞聘。小周当然跃跃欲试。竞聘那天，在大会议室，当着全公司人的面，小周激情昂扬地侃侃而谈对新项目的构想以及自己对职业的期许。

　　竞聘的结果，小周失败了。公司选了另一个有着六年工作经验且业务一直稳定的老员工。小周特别失望，对公司表面机会均等实则论资排辈的做法大为批判，在办公室抑郁地发泄了几天不满后，愤而离职。

其实论纯粹的业务能力，小周要略胜于那位升职的老员工。老总在中层决议会上也表达了这层意思，但终究考虑到小周经验欠丰，尤其是没有管理经验，又年轻气盛不够稳重，带领一个六七人的团队攻坚，恐难胜任。

离职后的小周去了另一家小的IT公司，也很快当上了主任，再后来，又不满小公司薪水微薄空间有限，在行业内并不受人重视，再次离职。很为小周可惜的是，他一心想着要升职要成功，对自己的期许超出了现实能力却不自知，最终失去了在一个大型正规公司里潜心学习经验的机会，而这个弯路要走多久还不可知。

当年拿破仑说，不想当将军的士兵不是好士兵。这句饱含着斗志、鼓励和希望的话语，正中了时下职场人的下怀，被屡屡奉为职场圭臬。其实成功谁人不想？但CEO却未必人人都当得，也未必人人都该以此为目标。

我的另一个朋友，在一家不大不小的证券公司工作，她不是证券分析师，只是一个收集整理数据的助理。别人也曾劝她趁早考取更高规格的证券从业资格证书，当个助理哪有出头之日？她却不急，耐心细致地做好本职工作。一直做了5年，她才拿了相关证书，转为一名证券分析师。后来有人邀她一起创业，自己做投资，她婉拒了，她说能力之外的想法，总会打乱人的节奏，然后为自己苛求的那部分工作焦灼、作难，连带着能做好的部分都受了影响。

不想当将军的士兵并非拒绝进步，只是在这个被各种成功鼓噪得越来越迷失的社会，扎实一点，稳妥一点，才能在职场之路上走得更远更久。就算你还没有当上一个好老板，至少，你还能做一个好职员。

帝企鹅的飞翔

　　帝企鹅是充满贵族气质的，耐寒且聪明，它们聚集在人迹罕至的南极海域，成群成群的在那里舞蹈般地自由生活。虽然南极终年冰天雪地，帝企鹅却能很好地适应这样的寒冷环境，更为奇特的是：帝企鹅可以在接近冰点的海水里自如游泳，甚至"飞翔"。

　　请看：那些南极的帝企鹅，它们先是一个猛子深深地扎进海底，划着优美的弧线，不断继续朝海底扎得更深，然后猛然抬头，对着身后光亮的水面拨动翅膀，加速，再加速，就像一支离弦的箭，向上冲……终于穿过了那个明亮的冰窟，以飞翔的姿势弹起，然后再降落在洁白的冰层上。

　　对于帝企鹅的这一弹飞本领，科学家通过考察发现：帝企鹅是借助了水的压力和浮力来完成这个漂亮的飞翔动作的，扎得越深，获得的水压与浮力越大，弹飞也就越高。

　　帝企鹅能够把水的压力与浮力，巧妙的转换为飞翔的动力，使它笨拙的身体变得轻盈、腾空而起，这点聪明真的值得人类好好学习。

　　在企业庞大的员工队伍里，其实也蕴藏着巨大的潜能可以借力。一个企业的老总如果看不到这一点，管理就难以找到借力的力源，因为，再也没有比广大员工更好地潜能了。一个笨企鹅，如果无力可借，只能在冰面上蹒跚摇摆，偶尔拍打几下翅膀，想飞却是徒然。一个不懂借力的企业，同样施展不出力量，腾飞无力，终会在竞争中淘汰。若能巧妙借力，一个企业就可以像一只帝企鹅弹飞而起。

要借力，不可能只允许你借他人之力，不允许他人借你的力，最好的模式应该是互相借力、互相利用。说完了就是要有一种合作精神，善于跟别家企业合作，在一种双赢中获利。那些势单力薄的企业，孤掌难鸣，就是因为不善于合作，从公司之外去获得力量。中外合资经营也好，国内兄弟企业联手开发也罢，都是企业之间的一种互相借力，可以成就很多本来自身难以完成的"飞翔"。

如果你的公司欲飞不能，还是学习帝企鹅扎入深深的海底去吧，去获得海底强大的动力源。那么，企业的这个"海底"又在哪里呢？通俗点说，就是商海、人海，要在商海里找创意，要在人海资源里挑人才，当这两股力量被你所利用，你的企业离腾飞起来也就不远了。

人类比帝企鹅要聪明百倍，借助于风力水力核能可以发电，借助万有引力可以发射卫星，借助激光可以制造光碟……当然，借助其他公司的实力、长处和优点也可以合作成一些大项目……学习帝企鹅，扎得越深，飞得更高。

改变命运
的翅膀

一个人要想改变命运，
与她所处的环境其实关系并不大。
关键是她的内心有没有改变命运的勇气，
有了这份勇气，
即使是纸糊的翅膀，也能飞上天！

保安的青春

[选择适合自己发展的路，并坚持不懈

——我曾经在保安岗位上坚守了 8 年]

1992年，已21岁的我在那个黑色的7月，没有因为高考的惨败而垂头丧气。怀揣美好的希望，我告别封闭、贫瘠的大别山下的小山村，投奔表哥打工所在地的惠州，开始追求我渴望的生活。

然而，一无文凭二没技术的我欲在惠州找份好工作的难度可想而知。不知吃了多少闭门羹，眼看手中的钱仅够维持一两天的生活，我又不想给表哥增添太多的麻烦，就只好去陈江一家建筑工地做小工，给那些泥工师傅筛沙子、搬砖头。

混在工地，总算没有食宿之忧，可是又苦又累的体力活儿使我羸弱的双肩不堪承受，每天收工，浑身像散了架似地倒在床上什么都不想做。夜幕下的工棚里，混居一室的工友经过十多小时劳作后依然精力充沛，要么三三两两围坐在一起喝着烧酒猜拳行令，要么打牌。折腾够了，熄灯上床后还有工友不甘夜空寂寞，互相开些粗俗的玩笑、聊着荤段子。置身在这样的环境里，"志存高远"的我真是苦不堪言，强迫自己干了三个月后，我苦苦哀求工头能给我结账。他没为难我，不依惯例待工程完工后再结算，而是优先给我算完账就把钱垫付给我，使我有离开建筑工地去重新找工作的资本。

1992年11月末，我被惠州斜下乐华电子厂录用，成为这家有近万人的工厂里的一名保安员。我没料到，自己竟然会在这个岗位上坚守了近8年。

多年以后，和朋友提起我做过8年的保安，人家都为我在保安岗位上浪费了宝贵的青春年华而感到可惜，但是我一直认为选择保安这个职业对我而言并没有错。做了保安不久，我想自修个文凭，在我欲选择"汉语言文学专业"或"行政管理"这些我喜欢的专业时，亲友却给我泼了一盆冷水，劝我学会计，说会计专业将来更好找工作。我只好违背我的意愿，工余时光除了看心爱的文学书刊外，也抽出时间与枯燥无味的演算和数字打交道。

刚开始一两年，我很努力地勤学苦钻，很顺利地通过8门课程，还剩下4门就可拿到广东省自考办和中山大学联合颁发的国家承认学历的大专文凭。可是"微积分"和"成本会计"两门课程成为我求学过程中难以逾越的鸿沟。当我连续三年都考不过这两门课程而拿不到毕业证后，我彻底死心，不再奢望有个文凭了。

[在摄影和写作间徘徊，到底哪里才是我的方向]

此后，我迷恋上了摄影，工作之余背着廉价的相机在鹅城到处拍照。不知啃了多少摄影理论书刊，也不知浪费了多少胶卷，我那"鸟枪"也常常给我带来惊喜。无论是拍的花卉还是拍的人像，都那么赏心悦目。当一个又一个工友告诉我影集里最好的相片都是我照的时，欣喜之余我做起摄影师的美梦。记得1998年元月，我鼓起勇气拿着一些自己得意的"作品"，企图敲开影楼的大门，人家都以我没实际工作经验为由婉拒。我的自信心受到打击，微薄的薪水使我玩不起消费高的摄影艺术，我只好把它当做怡情悦性的爱好，不再企望摄影能成为我谋生的职业。

在惠州做保安待遇低，开始几年每月仅能拿两三百元钱，后来多在六七百元钱徘徊。在城市里，这点钱仅够自己节省着花。每年回家时我都行囊空空，母亲总是安慰我说只要我的工作轻松、舒服，能快乐过一辈子就行。或许父母从没给我任何压力，我居然心安理得地在保安工作岗位上一做就是多年。

1999年元旦，已经28岁的我迈入了"围城"，开始感到生活的压力。婚后，妻请假来惠州陪我两个月又回到家乡的小城工作。想起自己都快而立之年依然一事无成，不能给她一个安稳的家，我心里很过意不去，继而痛下决心去改变现状了。可是，都快30岁的我，还有心情去学技术吗？苦思良久，我决定拿起笔，企图凭自己对文学的热爱，通过写作来打开我的前途。于是写稿、投稿成了我每天生活的一部分。

1999年5月6日，我的一篇小稿终于发表在《深圳特区报》的副刊上。我欣喜若狂，尽管不足千字，但那毕竟是我心血的结晶呀。一个月后，报社寄来80元钱，更使我惊喜，原来写作也可以挣钱，我似乎看到希望的曙光，继而更加不知疲倦地沉醉在方格子里。那一年，我共收到2000多元的稿酬，我以为，只要坚持下去，勤奋笔耕，写作也会有所作为的。

[在深圳的挫折，使我重新紧握手中的笔]

2000年初，儿时的好友一再邀请我去深圳打工，我终于下决心结束我的保安生涯，离开鹅城，来到深圳寻梦。

然而，深圳迎接我的并非是鲜花和掌声。在关内外大大小小的人才市场上，我不知向用人单位递交了多少求职应聘信，但都如泥牛入海，从未收到反馈信息。后来，还是通过老乡的帮助，我进了深圳宝安福永镇一家港资五金厂，做了一名货仓仓务员。有了工作，我又重新扬起生命的风帆，去为美好的生活而努力奋斗。

　　说是仓务员，其实就是搬运杂工，每天十一二个小时的工作中，我和其他的同事像老黄牛一样任劳任怨，在女上司的呵斥下搬运那些永远也搬不完的沉甸甸的金属货物。面对这份来之不易的工作，再苦再累我也得好好珍惜。可想而知，对于多年没有干过力气活儿的我，那份高强度的体力劳动真是不堪忍受。尽管如此，但我仍咬紧牙关拼命苦干。直到这时，我才深深体味到打工生活的艰辛，这就是我所向往的特区打工生活吗？我不甘心。

　　在我彷徨之际，一位老乡指点我去学做模具。我了解到这个行业待遇普遍较高，工作又好找，于是不假思索地从几个老乡那儿筹借了几千块钱去模具培训班学技术。然而，现实很快粉碎了我的美梦。由于我的理科基础太差，连最基本的机械制图知识都一窍不通，工模技术难度又大，我虽很努力地学习了三个月，但结果可想而知。

　　从此，我满腔热情地"只管耕耘不问收获"，在写作路上埋头苦写。不管白天工作多累，亦不论晚上加班多晚，我都紧握手中的笔，在铁架床上构思着我的写作梦。记不清多少个灯清月冷的午夜，我趴在铁架床上不知疲倦地写稿，也不知有多少个晨曦初露的黎明，我尽情地博览群书，丰富自己的知识。

　　一年后，我的写作路越走越宽，那一篇篇饱含我心血的稿件频繁地刊登在深圳、广州的大小报刊上。南方的报刊稿酬标准普遍较高，使我也收获多多，偶尔一个月的稿酬所得比工资还高，这使我更坚定了信心，决定在寂寞的写作路上继续努力跋涉。

[如果我不坚持笔耕，或许我还在不停地换工作]

2002年4月，我毅然地向主管递交了辞职书，我深信自己通过卖文在深圳能拥有美好的生活。办好离厂手续后，我神清气爽地离开了机器轰鸣的工厂，在外租房写作卖文谋生，开始了新的生活……

2003年初，我有了电脑，写作也更顺手了，我的文章已走出深圳、广州，开始飞向北京、武汉……截至2006年5月，我已在一百多家主流媒体上发表新闻评论一千多篇，也在各类杂志上发表不少情感文章，还在深圳各类征文中拿到一百多个奖……生活条件的改善，使我有能力把妻子和儿子接到深圳，一家人在一起，日子虽不富裕，可也其乐融融。

2006年6月，做自由撰稿人近四年后，深圳宝安福永街道办事处宣传部门欲聘用四名文字功底好的人来编写地方志，所招录的四人中，有两位是从某大学退休下来的历史系教授，一个是来自内地机关写公文的公务员，而我的资历和文凭最低，能被录用完全得益于我的那些征文获奖证书和作品集。

　　如今，我坐在街道政府气派的办公大楼里，开始了全新的生活……回首十多年的打工路，我暗暗庆幸当初吃一堑长一智，选择了一条适合自己发展的路并坚持下去，否则我可能还在不停地换工作。

　　这些年来希冀与困惑同在，苦累和潇洒相随。虽然为了生活，工余时光我依然不敢懈怠地勤奋笔耕，我没在深圳挣到大钱，但是我已在风雨打工途中体会到了生活的充实和快乐，感受到了奋斗的欢欣和甜蜜，拥有了直面坎坷人生的智慧和勇气，并且已看到希望的曙光。我深信，全力以赴做好本职工作之余，只要耐得住寂寞，只要继续高昂不屈的头颅，保持旺盛的斗志奋发图强，在深圳这座竞争激烈、朝气蓬勃的国际花园都市里，我终会拥有更加成功的人生。

从村姑到空姐

她是一个普通的农村姑娘，没有背景，没有学历。但就是这个连高跟鞋都没穿过的农村姑娘，最后成为了一名空姐。

[蓝天、白云和一群小鸡]

1990年10月10日，张诗幻出生在吉林省吉林市桦皮厂镇中原村的一个农家小院。上小学后，割麦子，收玉米，张诗幻做一切力所能及的农活。父母不在家时，她就放羊。蓝天白云下，那些羊像一朵朵行走的白云。偶尔抬头，有飞机从天空掠过。张诗幻朦胧地想：那小小的东西，里面怎么能坐人呢？

2006年，张诗幻开始外出打工。她辗转到珠海、广州等地，但都因为学历太低，只能在流水线上工作。从南到北转了一圈之后，张诗幻又回到了老家桦皮厂镇中原村。

打工生活的磨炼让张诗幻不甘平淡了，为什么我那么早辍学？为什么我就该待在这个村子里，与泥土打交道？张诗幻下定决心改变这种状况。

再喂鸡的时候，张诗幻的手上多了本英语书。兴致所至，她还给小鸡们取上英文名字。晚上抓它们上鸡笼的时候，她就对着小鸡叫："Mike，你最不听话了；Mary，鸡笼在这里；Jarry……"张诗幻还学会了"天空"、"飞行"和"空姐"等英语单词，她看着蓝天白云，想起飞机……

2007年6月，张诗幻在过期的《吉林晚报》上看到一则消息：在两年内，航空公司对司乘人员将放低要求，打破户口限制，学历放低；特别是空姐，只要具有亲和力、流利的口语能力，气质高雅，农村姑娘也可报名竞聘……

空姐！这个像天一样高远的词语，真切地撞击着张诗幻的心扉。也就在这时，她的心里第一次种下了空姐梦想的种子。

[嘲笑、汗水和一个飞翔的梦想]

张诗幻比对了一下自己的条件：身高1.69米，长相秀丽，基本条件具备了。她甚至想，在自己正为将来迷茫时，航空公司有了这项政策，这该不会是为我准备的机遇吧？此后两年，不管在什么地方，张诗幻总以在报纸上看到的对空姐的要求来锻炼自己。

首先是讲普通话。张诗幻最打怵的就是她的口头禅。在广州打工的时候，这些口头语常常惹得人发笑。再说话的时候，她每句话都字斟句酌，不让它们溜出来。

其次是穿高跟鞋。为了适应，她用打工挣的钱一口气买了五双高跟鞋，天天穿，时时穿，连洗澡出来也都不穿拖鞋……有一次下地干活，张诗幻穿着高跟鞋，昂头挺胸，迈着碎步走路。结果，由于鞋跟陷入泥土太深，她一迈步就失去平衡，一跤摔在黑土地里，脚踝也扭伤了。

2009年3月，张诗幻被介绍到外省做超市保管员。周末的一天，她意外地在一家职业技术学院门口看到《空乘班常年招空姐》的启事。培训班专门为航空公司输送空乘人员作准备，考核合格后能获得中专文凭。

张诗幻动心了。她拿出自己的积蓄，又借了些钱，瞒着父母和同事悄悄报了名，参加晚上和双休日的培训。

真正接触这个行业，张诗幻才知道，空姐并不像她所想的那么简单——除了普通话和英文口语，还有各种更加严格的要求。

第一课是微笑。老师要求学生练习笑容时，嘴里都要咬着一根筷子找感觉；嘴角的微笑还算好练，难练的是眼睛的微笑。苦练了几天之后，张诗幻第一次发现，自己竟然不会笑了……

在培训班练习站姿时，学生需要穿着5厘米高的高跟鞋，头上顶一本书，两腿膝盖间夹着一张普通白纸站立。开始张诗幻站一个小时便大汗淋漓，老师不得不让她出列休息。但张诗幻不甘心，没事时就自己练习。常常几个小时站下来，腿已麻木……

所有课程中，张诗幻最怕的就是英语口语。为了学好口语，几乎每个周末，她都出现在各个大学校园的"英语角"。最开始时，几乎没人能听懂她的"中原村英语"，张诗幻不断给自己打气："不怕不怕，没人认识我！"这种勇气，还真的让她的口语水平提高很快。

但即使如此努力，在第一次的口语测试中，张诗幻还是因为发音不标准失败了。从那以后，张诗幻为了不影响宿舍同学休息，每晚都找一个僻静的地方听广播跟读。有一天深夜，她正在专心诵读，学校的保安带着两个男生突然出现在她面前，把她吓了一跳——原来，学校的学生每天深夜听到断断续续的读书声，都以为闹鬼了……

在这种魔鬼式的训练下，张诗幻在二年级时，通过了口语测试。2011年4月，张诗幻如期结业。

[微笑、优雅，从村姑到空姐其实就这么远]

毕业后，张诗幻进入实习期。2011年6月，南航"空姐新人秀"大赛正式开始。比赛首次打破学历和户口限制，但新加入的跳舞环节让张诗幻犯了难，她以前从没学过。张诗幻开始找老师。

由于是半路出家，张诗幻连劈腿都困难。老师走到她身后问她："怕不怕痛？"张诗幻硬着头皮说："不怕。"老师把手搭在她的腰上突然用力一按，张诗幻"啊"的一声惨叫，腿是劈开了，可是怎么也起不来了……经过几个月的魔鬼训练，张诗幻的舞蹈也跳得有模有样了。

2011年10月，"空姐新人秀"的比赛只剩下成都和广州两个赛区了。张诗幻怀揣着母亲借来的钱乘飞机飞到成都。

在比赛中，因为被考官目测腿部长度不够，张诗幻惨遭淘汰。她不服气，又辗转到广州，再次报名。

经过层层选拔，张诗幻一路闯关成功。为了扬长避短，她特意挑了一件小一号的衣服来穿，这样腿就显得特别修长。让人惊喜的是，在她最担心的这个环节上，竟然奇迹般闯关成功。最后，张诗幻从3000多名选手中成功晋级60强。

2011年12月16日晚8时，南航"空姐新人秀"的60名选手参与电视晋级赛，围绕30个空姐席位展开了最后角逐。张诗幻纯真的笑容、朴实的语言打动了评委，成功入围。一个评委给出了选择她的答案："她不是样貌最出众者，但她的笑容最真，在聆听和表达时的眼神和动作很自然，话语亲切，这是一名空姐的必备素质。"张诗幻，是唯一拥有农村户口，没有正规大学学历的准空姐。

2012年3月26日，尚未接受过公司正式培训的张诗幻，随南航老总去北京参加央视的颁奖典礼。公司提前给她发了南航制服，特批她在广州飞往北京的飞机上实习。当飞机起飞的那一瞬，张诗幻才真正能够静下心来观赏窗外的风景。机窗外白云缭绕，张诗幻仿佛置身于仙境，禁不住喜极而泣。是呀，从地上到天上，这一步她整整走了6年……

生活是一棵长满了各种可能的树，你永远不知道下一刻会发生什么，唯一能肯定的是，只要你怀有梦想，永不放弃希望，"可能"就一定会变为现实。

表姐的绿色项链

在丹麦哥本哈根市，特蕾西的绿植店开张了，满眼的绿色环绕，清新的空气弥漫，特蕾西觉得特别满足，这是她一直以来的梦想。

大学毕业后，特蕾西应聘到一家广告公司做设计师，她天马行空的设计理念很快得到了老板的赏识，但这份被同学和朋友艳羡的工作，在特蕾西的眼中却只是她梦想的奠基石。两年后，特蕾西在老板的挽留中毅然辞去了这份工作，用积蓄开了这家绿植店。

特蕾西要开绿植店的想法并未得到父母的支持，早在她辞职时，父母就极力反对，可特蕾西决心已定，纵使千军万马也很难拉回。特蕾西为绿植店选址、设计、装修、进货，一切都亲力亲为。刚开张时，她策划了一些优惠活动，又制作了宣传单，顾客络绎不绝，特蕾西突然飘飘然，已经开始谋划开分店了。

可是好景不长，没过半年，特蕾西的店周围又相继开了四五家同样的绿植店，她的小店一下子变得冷冷清清。在父母让她重新找工作的呼声中，特蕾西不断增加绿植品种，尽可能地扭转局面，可依然收效甚微。

一天，特蕾西正愁眉不展时，进来一个女人，手里还领着一个小女孩。特蕾西看到有客人，马上微笑着迎接。小女孩要买一小盆绿植，她挑来挑去，似乎没有她满意的。特蕾西看了看皱着眉头的小女孩，说："你喜欢什么样的？我来帮你挑。"小女孩拿起面前的一小盆绿植，说："有没有再小一点的，我要它一直跟随在我身边。"特蕾西摇摇头，说："很抱歉，这已经是最小的了。"小女孩遗憾地离开了特蕾西的小店。

特蕾西脑子里不停回想着小女孩的话。尤其是那句"我要它一直跟随在我身边"深深触动了特蕾西，她不停地看着身边的一盆盆植物，却没有什么突破。小女孩的话在她的脑子里闪过，特蕾西突然灵光一闪，眼睛紧紧地盯着自己的项链坠。

特蕾西想，如果绿植可以和项链一样戴在脖子上，那不就可以一直跟随在身边了。她立即在纸上画了一个微型花瓶图，然后到3D打印店打印了出来。回来后，特蕾西在花瓶里放上一点点土和几粒种子，然后换下了她的项链坠。

当特蕾西戴着这个特殊的项链和男朋友约会时，引来男朋友一阵嘲笑。回家后，父母看到了，也觉得特蕾西的做法太不可思议。特蕾西全然不顾他们的嘲笑，每天精心照料着她项链上的绿植。几天后，特蕾西的男朋友到店里接她，无意中看到她戴的那个微型花瓶里长出了嫩绿的小芽，这一发现让特蕾西大为惊喜。又过了一段日子，那绿植慢慢长大，盛开在微型花瓶里。

就在特蕾西欣赏这株小小的植物时，一对情侣走进店中，女孩的目光瞬间定格在了特蕾西的项链上。女孩指着特蕾西的项链说："真漂亮，我要买这个。"特蕾西歉意地说："这是我特别订制的。"女孩恳求地说："能不能为我订制一个，我太喜欢了。"于是，特蕾西为女孩设计了微型花瓶样式，让她过几天来取。

当女孩的绿植项链一天天生根发芽时，特蕾西的绿植小店也名声大噪。特蕾西马不停蹄地设计了多款微型花瓶的图案，还大胆地从项链坠扩展到戒指、胸针和其他装饰品上。从20美元的戒指到55美元的项链，小店的生意风生水起。

"别让你心爱的植物总是孤零零地呆在家里，让它和你如影随形吧！和它近距离接触，它会带给你别样的清新感受！"常常，一个大胆的创意，加上果断的行动，得到的往往是意想不到的成功。

跟谁结？总得找到喜欢的那个人吧。

那不就得了。表姐白我一眼。

其实，我们都没有什么原则的，独自挨过一个又一个漫长寒夜，是为了在千万人中遇见属于自己的百分百爱人。如果不是因为相爱，还有什么理由能够让两个人厮守在一起呢？

　　春天到来之前，表姐得到了一家牛逼轰轰的上市公司的offer，而且是她心仪已久的职位，待遇更是好得让人咋舌。我仿佛已经看到了她踩着高跟纵横职场的霸气风姿了。怀揣着公主梦的她在坚硬的现世里跌打滚爬，脱胎成了女王——生猛，并且无敌。

笔尖上的舞蹈

　　她出生后逐渐出现了一些行为异常，父母将她送到医院检查，却被诊断为徐动型脑瘫，这是独立生活能力最难的一种病型。父母带她跑遍了各大医院，几乎花光了家里为数不多的积蓄，可她的情况依然没有好转。

　　长大后，她经常将头贴在窗玻璃上，望着窗外车来车往，等待着家人回来。爸爸要赚钱养家，弟弟和妹妹都要上学，妈妈除了照顾她，还要种地，养猪。一个人在家时，她就用脚趾按遥控器选择频道，靠看电视来打发时间。等弟弟、妹妹放学回家，她就关掉电视，听他们读课文，听不懂的就用下巴翻看字典。

　　就这么一晃，过去了20年。

　　一天，妹妹新买的手机忘在了家里，她一个人在家实在无聊，就不停地看手机上的时间。前几次还好，这次她凑上前去想让不听使唤的手去触亮屏幕时，身体一下子失控了，鼻尖在屏幕上蹭了几下，没想到竟然触碰出了手机键盘，而且还打出了几个字母，这让她大为惊喜。父母第一次看到她如此开心地笑，就为她买了一部手机。在妹妹的指导下，她开通了微博。

2011年4月的一天，她在微博上看到"微小说"大赛的消息，心中突然萌发一种冲动。她把微小说的内容编辑好存起来，然后再仔细看一遍有没有要修改的地方，没问题后就用短信的形式发出微博，起初每天只发一条，随着熟练度增加，逐渐增加到每天可以发出15条。

一条短短140字的微博对于普通人来说是很容易的，可对于她，却是付出了全身的力气。她要用下巴调整手机的位置，用鼻尖触摸手机的键盘，每触摸一下都要抬头看看显示的字母是否正确，每打一个字母她就要花掉近20秒的时间，一天10个小时下来，紧贴桌子的胸口、颈椎和腰椎都会很疼。甚至有时为了凑近移动了位置的手机，她的身体经常被撞得青一块紫一块的。家人总是心疼地劝她停止吧，而她却总是笑笑，像个没事人一样继续用鼻尖触摸着手机屏幕。

到2012年3月，她一共发了2600条微博，所有的微博连在一起，就是一个完整的故事。妹妹把她的微博一条条复制下来，编成一个文档，发给已是作家的小姨帮忙修改。这部被她命名为《阴谋》的近32万字的长篇小说在小姨的修改和点评后给了她很大的信心，她突然发现自己的人生也可以很精彩。

有了家人和微博上网友的鼓励，她开通了博客并创作了12万字的武侠小说《千年屠刀》。在博客上写文章的速度快了一些，她半个月时间就写成了6000字的《羲人》上部。2012年11月，她根据自己的亲身经历，写完了7万字的自传《温暖人生》，仅一个月后，她又完成了两万字的短篇小说《许我爱丑颜》的初稿。2013年4月，自传《温暖人生》正在出版中，《许我爱丑颜》已修改完成，《羲人》下部也已经写了5200字。

她叫黄扬，今年28岁。她用270万次鼻尖触摸出20余万的文字。在家人甚至是自己都认为今生就会如此时，一次鼻尖意外触碰手机屏幕带来的发现，让文字彻底改变了她的人生。妹妹经常摸着黄扬的鼻子说："别写了，看你原本漂亮的鼻子，现在都塌了很多。"每每这时，黄扬总是笑着说："虽然我的手和脚不受控制，但我还有一个灵活的鼻尖，我要让它像笔尖一样谱写出精彩的人生。"

通过网络，黄扬的文字得到了众多网友的认可，有记者采访时听说她的书要出版了，问她："每天这样用鼻尖'写'字多辛苦，是什么力量让你坚持下来的？"黄扬略微思考了一会儿说："我曾在电视里看到一棵几个人都合抱不过来的千年古树，爸爸说它还是小树苗时也曾弱不禁风，砍伐者都觉得它不是好的原料，不愿用它，结果历经千年的风雨它终于成长为一棵参天大树。我也要做千年古树，我的鼻尖可以动，一样可以谱写出我的生命之光。"

改变命运的翅膀

因为父亲的突然去世，作为家中的长女，她不得不中断了学业，担负起照顾病弱的母亲和年幼的弟弟的责任。

为了贴补家用，她独自一人来到北京，在一个白领家里做了保姆，在工作的间隙，她总是感到焦虑和茫然，总是回忆起上学时的种种理想，总是在想：难道我这辈子就只能做保姆了吗？

有一天，她在报纸上看到关于"打工女皇"吴士宏的报道，吴士宏从一名护士成长为微软中国区总裁的经历给了她很大的震动，连续几天夜里她都睡不着觉，想着以后的路该怎样去走，虽然她想不出自己的未来是个什么样子，但此时的她越来越清醒地认识到：一定要多学些东西，才有可能改变自己的命运。

那天她去菜市场买菜时，一个小伙子递给她一张北京外国语学院英语夜校的招生简章，她读书的时候就很喜欢英语，所以一下子动了心。她的雇主很通情达理，不但同意了她上学的要求，还借给她一辆自行车。

在英语夜校里，她的同桌是一位刚从日本回来的北京女孩，课间闲谈的时候告诉她，先生是一名日本商人，在北京开了一家

"人体克隆"店，是北京唯一的，所以生意好得不得了——这是她第一次听说"人体克隆"这个词，出于好奇，她便向她详细询问起来，越听越觉得有意思，她突发奇想：这么大的北京才这么一家，如果我能掌握这门技术，以后也开这么一家小店，得赚多少钱啊！

因为有了这个想法，她便经常向同桌打听关于"人体克隆"的事情，有一次女孩对她说："既然你对'人体克隆'这么感兴趣，就到我们店里来干吧，正好我们现在非常缺人手！"于是，她便来到了北京第一家"人体克隆"店打工。为了能尽快掌握这门技术，她总是不放过任何一次"练手"的机会，这让同事们都觉得很奇怪：别人都希望工作轻松一些，这个女孩子怎么什么活都往自己身上揽呀？她还从老板那里借来了很多日文资料，对着字典一个字一个字去查，常常看懂一句话要花上半个多小时，就是以这样的速度，她硬是利用业余时间将一百多页的资料啃完了。

"人体克隆"虽然看起来比较简单，但里面蕴藏着很多美学方面的知识，比如同样是一只手或一只脚，摆成不同的姿势就会产生不同的效果表达出不同的意境。为了能捕捉到人体最动人的瞬间，她常常自己脱光衣服站在大衣镜前细细揣摩。

她的投入与勤奋让她很快从同事中脱颖而出，她做出的人体模型总是让顾客惊喜不已："我有这么美丽吗？！"顾客的肯定和赞美让她觉得自己开店的时机已经成熟了。可开店的设备要十几万元，她手里的那点钱租了店面后就所剩无几了，她去哪里筹措这十几万呢？！就在她为设备问题一筹莫展的时候，突然想起读过的资料里介绍过日本一家很有影响的叫做"瞬间"的"人体克隆"店，店主是一位叫做森贞芳子的女士。她抱着"宁可做过，莫要错过"的心理，立即在大学里请了一个教授日语的老师帮她给森贞芳子写了一封信，信中讲述了自己的经历以及"人体克隆"在北京乃至全中国的市场潜力，提出想在北京开一家"瞬间"分店的愿望，并请她担任股东之一，唯一的要求是她能提供一套设备。

信寄出去以后，她度日如年地等待回音，结果等来的不是信，而是森贞芳子本人。森贞芳子在北京停留了三天，三天里芳子跟她聊了许多诸如人生、理想等等经商以外的话题，临别之时，芳子郑重地握着她的手说："虽然你没有开店经验和经济实力，但你有梦想，而且够努力，天下没有这样的人做不成的事，我决定和你合作。"

2008年5月，她的"人体克隆"店终于开张了，在她的苦心经营下，到了年底，小店的生意已完全步入正轨，她还雇了两名员工，成了名副其实的老板，但她心里始终摆脱不了一种危机感，因为她知道刚开始大家对"人体克隆"都觉得新鲜，一旦新鲜感过了，生意势必会受到影响，所以总想着怎样能在原有的基础上有所创新和突破。为此，她又参加了中央美术学院大专班的学习，再接待顾客时，她已不满足于"克隆"出人体的模型了事，而是像创作一件艺术品一样，从立意、构思、造型、色彩到最后的取名都要花费一番心思。

她的一件又一件作品引起了媒体的关注，《北京晚报》和北京电视台相继报道了她和她的"人体克隆"作品，而让她感到欣慰的不仅仅是小店的生意更加红火，而是除了赚钱之外，她终于找到了人生更值得去追求的目标。

她叫汤凯敏，一个普普通通的山东女孩，两年前她还只是京城一户人家的小保姆，谈到自己的成功，她说："一个人要想改变命运，与她所处的环境其实关系并不大。关键是她的内心有没有改变命运的勇气，有了这份勇气，即使是纸糊的翅膀，也能飞上天！"

卖冰激凌和写诗都重要

　　人生的许多梦想，不是都会开花结果。可是如果坚持不懈，说不定会有奇迹出现。

　　对英国女孩儿克莱尔来说，这是无法预料的奇迹。所以在2013年1月23日，英国首相卡梅伦发表的演讲稿震惊了全英国民众。他们发现表面看上去木讷无趣、一本正经的首相竟然可以讲出如此幽默风趣的话来。

　　毫无疑问，出色的演讲帮助卡梅伦获得成功。在首相每一场精彩演讲的背后，都有一支精良的幕后团队负责撰写演讲稿。而这个幕后团队可谓是卡梅伦成为政治明星的"秘密武器"。就在英国民众纷纷猜测这篇演讲稿，究竟出自首相官邸哪位经验老到的政客之手时，一位年轻的黑发女孩儿，占据了英国各大媒体头版头条。卡梅伦在接受采访时解开了谜团，"她是我的御用演讲稿撰写者克莱尔！通常，我称她'冰激凌女孩儿'"。

　　30岁的克莱尔，已经在首相官邸工作4年，是卡梅伦亲信中，最年轻也是唯一的提刀者。熟悉克莱尔的人都说，她是卡梅伦的"喉舌"，是这个在岌岌可危中坐上首相宝座的领导者，之所以能走到今天还能微笑以对的重要原因。卡梅伦曾经玩笑般地说：“克莱尔是我生命中重要的同伴、止痛药和肚子里的蛔虫。”

17岁那年，克莱尔考入英国著名的常青藤大学南安普顿大学服装设计专业。克莱尔出生在一个兼容并包的家庭。祖母喜爱珠宝，祖父热爱诗歌，母亲钟情于服装设计，而父亲热爱自由闲适的生活。克莱尔说，家人教会她人生有无数种可能，但每种可能都需要你付出汗水。

“我想成为服装设计师，是为了完成母亲的夙愿。”克莱尔说，“但父亲却觉得，人生不是只有唯一的一条路可走。只要高兴，推着小车沿街卖冰激凌也未尝不可！”克莱尔热爱体验不同的工作，她觉得这样可以获取更多的养分和能量。克莱尔利用周末和假期，骑着自行车沿街叫卖冰激凌，给孩子们递上一支巧克力冰激凌时，看着他们天真单纯的笑脸，克莱尔发现快乐原来可以如此简单直接。

克莱尔从小耳濡目染，深受祖父的影响热爱诗歌。祖父告诉她：“如果能做一个靠卖冰激凌养活自己，同时又有钱买布料为自己设计衣服的诗人，那可是人生最幸福的事情啊！”她试着去体验祖父所希望的那种生活。那些驮着笨重的冰激凌冷冻箱，在大学校园内外一边叫卖一边吟诗的燥热日子；那些因为下雨或者天冷而卖不完冰激凌，一边吃着冰激凌一边酝酿着，到底在某个句子里是用"融化"好，还是"魔术一般逃遁"更到位的日子；那些疯狂地写诗又不停地获奖，却没时间用来恋爱的日子；那些悄悄流逝的，卖冰激凌、设计服装又写诗的日子，克莱尔说："这些闪亮的日子，都将成为促成她最终梦想的阶梯。"

大学毕业那年，克莱尔21岁，用大学4年卖冰激凌和写诗挣的钱，在英国萨里郡的吉尔福德，成立了服饰公司。她开始着力于设计珠宝，并将第一款作品送给了祖母。

祖母问她："克莱尔，你喜欢生活吗？"克莱尔想了想说："我很享受，但不仅于此。"大学毕业那天，克莱尔加入了保守党，而她的理想，是想用冰激凌一般爽滑的文字，和那双在珠宝上作画的手，为这个国家的进步有所付出。她开始边工作边为保守党议员约翰·海斯打零工，干点收发邮件、整理办公室的活儿。2005年，克莱尔央求海斯引荐，主动为伦敦市长竞选人鲍里斯·约翰逊撰写演讲稿。当那篇脍炙人口的演讲稿，帮助约翰逊获得市长职位后，克莱尔的朋友开始向保守党领袖卡梅伦引荐她。

经过四轮面试，这个觉得卖冰激凌和写诗一样重要、设计珠宝和为大人物写演讲稿同样有意思的女孩儿，最终获得了卡梅伦的赏识，进入了他的智囊团。卡梅伦允许她继续卖冰激凌、参加诗歌比赛和设计珠宝。他不要求她必须住在唐宁街。克莱尔不用坐班，只有在忙碌时，她才频繁出入卡梅伦的办公室，她说，她讨厌那些没有感情，又不敢有所冒犯的演讲稿，要言之有物，简短利落，而且直指人心。

这个被首相府戏谑为"卖冰激凌的小诗人"的姑娘，用她那冰激凌一般甜腻温顺，又如珠宝一般精致动人的词语、句子和文章，彻底征服了卡梅伦也征服了英国民众。当2009年参加首相竞选时，卡梅伦甚至对克莱尔说："冰激凌女孩儿，这个时候，你的笔至关重要。"2010年5月，卡梅伦成功当选英国首相。但是那天，克莱尔却悄然回到家，安静地过自己的小生活……在她的个人网页上，克莱尔这样写道：卖冰激凌，也写点诗，工作地点在萨里郡。

克莱尔说："梦想很炫美，却也必须脚踏实地去实现。"那些交织着甜腻和奢华，枯燥和疯狂的种种梦想，它们如此和谐又紧密地被克莱尔拥抱着，像馥郁的玫瑰花被她抱得满怀，想象那是多么不可思议和迷人！

努力攀登梦想的殿堂

　　她只是重庆沙坪坝南方艺术学校里最普通的一员——常年拿着扫帚和拖把，这里扫扫那里擦擦，谁也没有认真注意过她。直到前不久，一张从清华大学寄来的"考试合格证"让众人对这个内向的90后清洁工刮目相看：在今年2月全国美术专业考试中，她在一群受过多年专业培训的孩子中脱颖而出，列清华美院的第203名。

　　她就是邓轩。

　　在重庆历年参考的艺术考生中，能通过清华大学美院专业考试的人每年只有五六人。很多人称赞这个90后小姑娘的绘画天分高，只有邓轩自己明白，这张清华的合格证里凝聚了多少辛勤的汗水。

　　邓轩父亲早逝，因为心疼母亲，她上完初中就辍学独自从老家来到重庆打工。邓轩找的第一份工作是路边小吃摊的服务员，小吃摊的不远处就是重庆南方艺术学校。每天清晨，不少背着画板的孩子途经这里。邓轩羡慕他们，更向往那个想象不来的艺术世界。正因为如此，邓轩对南方艺术学校的师生格外热情，只要他们来吃东西，她都会上前与他们打招呼。渐渐地，她和学校里的师生混熟了。

一个偶然的机会，学校的朱校长和另一个老师在小吃摊上闲聊，说学校还差一个清洁工。邓轩听到这话立马丢下手中的活跑过来问："老师，您看我去行吗？"最终，这家艺术培训学校接纳了邓轩，包吃包住，每月工资800元。

终于有机会在向往的地方工作，邓轩兴奋不已。在卖力工作之余，她经常会在教室外面流连忘返。好几次，邓轩都偷偷躲在教室外听课。而当学生放学之后，她就捡起丢弃在地上的废画纸，用橡皮一张张擦干净，然后躲在寝室里悄悄地画起来。

不知不觉，一年时间过去了。邓轩"偷师学画"的事情从一些老师口中传到朱校长耳朵里。朱校长震惊不已，因为老师们都说这个孩子画得很不错，不像没有美术功底。她找到邓轩，询问画画的事情。邓轩吓坏了，以为校长指责她工作不专心。在朱校长的鼓励下，邓轩忐忑地把自己的作品拿了出来。

干练的画风、大胆的用笔，朱校长看过邓轩的画之后惊讶不已。而当她看见这个不大的寝室里竟然堆满厚厚、皱皱的画纸时，顿生敬佩之情。在随后的交谈中，朱校长知道邓轩从小就喜欢美术，但从未有机会摸过画笔。朱校长感慨不已，当即承诺让邓轩成为这个学校的"编外学生"。也就是说，邓轩只要做完清洁，就可以到任何一间教室蹭课。

此后，邓轩半工半读，白天打扫卫生，晚上趁着学生放学就独自在教室里画画。渐渐地，有些老师被她感动，无偿为她提供辅导。

绘画需要消耗大量笔墨纸张，这不是一个每月收入几百元的打工妹所能应付的。邓轩却自有办法：当不画画不做清洁时，她就去学校的各个角落捡汽水瓶卖钱。就这样，一天24小时被邓轩拆分开来：8小时工作、5小时睡觉、11小时画画。画室到寝室，许多人觉得这两点一线的生活枯燥无味，邓轩却觉得异常充实。

2010年12月，邓轩瞒着母亲跟着一群科班学生参加了艺术类高考。她最终通过了四川美术学院的专业课考试。不过，邓轩还是放弃了。在她心中，有个很美的艺术梦，但一想到自己只有初中毕业，邓轩就觉得想通过文化课考试几乎是不可能的事情。为了不让心中梦想遥不可及，邓轩开始恶补空缺的高中课程，每天几乎都熬到凌晨两点才睡觉。

邓轩的拼搏震撼了身边所有人，她的付出也终于得到了回报。2012年2月，邓轩如愿参加了高等院校美术专业的专业课考试，并以556分的高分通过清华大学美术学院的专业课考试。

每一年，全国有成千上万的艺术类考生赴考，清华大学美术专业是无数学习绘画考生们的梦想。而在这个庞大队伍之外，一个90后打工妹用她的努力奋斗和坚持不懈攀登上了梦想的殿堂。

一个城管的全新崛起

[新工作差点让他得了抑郁症]

2008年，北京小伙宋志刚从警校毕业，通过公务员考试成为了一名城管。半年时间不到，宋志刚就变成了霜打的茄子，怎么都提不起精神来。

在中国，"城管"野蛮执法的形象已经深入人心，在执法过程中，宋志刚时时遭人白眼，许多人不分青红皂白地指责他没有同情心，朋友们也常常拿他开涮。而女友也因为嫌弃他的工作繁忙与之争吵，最后提出了分手。最惊险的一次，差点被小贩的西瓜刀砍伤。

工作让宋志刚变得越来越抑郁，情绪也日益暴躁。频繁的夜班和工作的棘手琐碎令他憔悴不堪，每天走在大街上巡逻，面对着熙熙攘攘的人群，宋志刚常感到头疼。他多次想到辞职，最后在父母和家人的极力劝阻下才不了了之。

[总得做点什么]

沮丧归沮丧，他还是很了解广大网民的想法。因为在进入城管大队之前，他就是位标准的文艺青年，看见城管抄小贩的摊子也会愤慨难当，回到家第一件事就是上网骂城管冷血。但真正做了城管才知道，抄小贩也不是那么容易的，很多小贩都准备了对付城管的N种方案，执法时硬一点吧，公众会大骂城管没同情心，手段软一点，又要为公众的安全和利益担忧，简直是心力交瘁。

就说抄路边的食品档吧，不止小贩要骂人，就连食客们也怒目而视：还让不让人吃饭了！但许多无照商贩的卫生状况实在堪忧，麻辣烫锅里能捞出烟头来，用自家的尿盆和面，甚至有一次宋志刚还抄过一个艾滋病人的菠萝摊，病人不断用割伤的手泡菠萝，旁边人买得还挺欢！

长期的执法经历让宋志刚发现，虽然有些地方的确存在暴力执法的现象，但群众也确实对城管工作存在极大的误解。很多情况都是公众所不了解的。比如妇幼保健医院门口那些卖煎饼的小贩很多是肝炎携带者；还有路边卖的氢气球里面充的其实是氮气，很可能引起爆炸。宋志刚的一位队友就曾在执法过程中被爆炸的气球毁了容，还有一位队友被小贩砍死。宋志刚觉得，自己不能再这么沉默下去了，总要做点什么……

古人说不平则鸣，在执法过程中积累了太多不平之气的宋志刚开始在网上发帖子来抒写心情，披露城管的工作细节，解答群众对城管工作的疑惑。就这么坚持了一年，网名"随风打酱油"的宋志刚突然变成了网络红人，他的长帖《一个城管的日常见闻》开始蹿红网络，他的幽默、善良和贫嘴为其吸引来了一大批粉丝。

[别低估了自己的影响力]

帖子走红后，宋志刚突然意识到自己还能做更多，比如提出有建设性意见，引发社会对城市建设的关注，倡导群众更理性地对待行政执法……为了掌握更多材料，他反复翻阅单位里大摞的办案卷宗，仔细对过去数年队里办过的案件进行分析，也颇有收获。

在此后的执法中，宋志刚不再武断地用是非观念来看问题，而是从法规与人情中间寻找平衡点。宋志刚还更多地看到了那些违法商贩身上光辉的一面：一位双目近乎失明的老大爷，靠卖爆米花为生，生活异常拮据，某日他收到了一张百元假币，却坚持将其销毁，不让他人受骗；卖鸡蛋饼的河南小伙子为了负担一家人的生活每日工作十几个小时，却从来不喊苦不叫累……对于这些平凡又可敬的流动商贩，宋志刚总是尽可能对其进行柔化执法，能进行说服教育就绝不罚款。但是对那些使用不合格食材，危害公众健康的小商贩，宋志刚也严惩不贷，绝不手软……

时间长了，宋志刚就积累了不少工作心得。他将自己的工作经历与真实想法都整理了出来，继续充实自己的长帖，后来又在大家的鼓励下将网帖结集成书，名曰《城管来了》。让小宋没想到的是，他的书一面世就销售了十万多册，央视《看见》栏目组还对其进行了专访。

同主持人柴静侃侃而谈的时候，这位有着"城管里的韩寒"之称的年轻小伙眼神里闪烁着别样的光泽，或许这是因为他看到了工作所赋予自己的独特的价值。是的，这份工作屡屡让他感到失望，也几番将他打倒，但他以此为契机，自逆境中崛起，不断寻找自我的价值，最后终于成就了自己，也为自己的职业注入了全新的意义。

有目标的蚂蚁

　　在2012年11月之前，苏拉·沙玛做梦都没有想过有一天自己能到美国，能上电视，能接受世界各大媒体的采访。

　　在这之前，沙玛只是一名出生在印度新德里的普通少年。和这个年纪的其他孩子一样，他每天生活的主旋律，就是学习。高兴的时候，会叫上三五好友，一起去踢足球，或者一起聊天、侃大山，生活无忧无虑。

　　然而，自从陪着想当明星的弟弟去试了一次镜，他的命运就开始转变了。那天，坐在门外百无聊赖地等待弟弟的他，听从选角指导的建议也去试了一次镜。没有想到的是，他的表现出奇地好，竟然过了初选，后来又一路过关斩将，顺利地杀入决赛。在决赛中，他表现出的"深切情感"与"温暖特质"深深地打动了导演李安，得到了他的认可，从而获得了电影《少年派的奇幻漂流》的主角。

　　获选之后，沙玛就被带到台湾开始拍摄前的训练。那时的他十分消瘦，还有点驼背，形象完全不符合出镜要求，并且他不会游泳。根据他的情况，李安安排他先进行游泳特训，每天游3小时，还上健身房健身。一天下来累得骨头都快散架了。

这仅仅是开始，等他学会游泳之后，又开始了障碍训练。这种训练，先在他的身上绑上重物，然后下水憋气5分钟，再站起来穿过长长的游泳池，拉扯着绳子爬上去，很是辛苦。这轮训练完毕后，他又要马不停蹄地赶往武行受训。

那天，在武行训练的时候，教练教的几个动作他都做得不到位。虽然教练并没有说什么，但是他的心情很是沮丧。休息时，他坐在路边的花坛上低着头，很想流泪，很想就此放弃。正在这时，他看见了一群小蚂蚁，它们搬着食物，浩浩荡荡地回巢。

这样的画面，很是熟悉。他想起了小时候，他在自家后院发现了一个蚂蚁窝，为了吸引蚂蚁出洞，他把妈妈给自己买的椰奶糖咬掉一小块，放在离蚂蚁窝不远的地方，不一会儿就被蚂蚁发现了。眼看着蚂蚁群离糖块越来越近，淘气的他又在蚂蚁必经的道路上挖了一道小沟，但它们还是翻了过去。他又搬来一块大石头，试图挡住蚂蚁的去路，但是它们还是很快就找到了被石头隔断的原路线，又向着那一小块糖雄赳赳气昂昂地进发了，结局当然是蚂蚁齐力搬回了那块糖。

吃饭的时候，沙玛好奇地问父亲，为什么不管我设置什么障碍，蚂蚁都能找到那一小块糖呢？父亲沉思了一会儿说，那是因为蚂蚁心中有了这个目标，所以它能够克服困难，向着目标前进。

想到这里，再看看眼前的蚂蚁，沙玛的心情豁然开朗。接下来的训练中，他不再烦躁和沮丧，而是跟蚂蚁一样，朝着目标一步步努力，认认真真地练习每个动作。

拍摄前期，有一场船在海上遭遇暴风雨的戏，现场雷电轰鸣，暴风雨肆虐。小船摇晃着下沉，他一不小心撞到了膝盖，痛得直掉眼泪，但他生生地把眼泪憋了回去，继续拍摄。晚上回到住处他才发现右腿上有一大片青紫，轻轻一碰，痛得他龇牙咧嘴，但是他并没有告诉任何人，只是偷偷地涂上妈妈给他装的跌打损伤药，第二天，他依旧微笑着出现在片场。

后来随着剧情的发展，在海上漂泊的他，需要减肥，让自己变得憔悴起来。本来刚开始为了剧情的需要，他胖了13公斤，现在却要变本加厉地减回去。营养师为他定制了营养餐，食物很简单，基本没有肉，还得配合体能训练，一天拍摄下来，饿得头晕眼花，他都忍了过来。他的努力，他的完美表演，就连导演李安都惊叹不已，认为他创造了一个奇迹。

是的，只要努力，每个人都能创造属于自己的奇迹。我们的人生掌握在自己手中，在面对命运的转折，面对艰难困苦，面对机会时，如果你像一只蚂蚁一样有了目标，就好比孙悟空有了金箍棒，不管大还是小，不管远还是近，只要沿着目标不停地前进，一切艰难困苦都会迎刃而解。

方向不对，有些苦也是白吃

千万不要轻易把失败和坎坷挫折
当作天将降大任于斯人的考验，
因为说不定你正在做的努力，
不过是在吃莫名其妙的苦而已。

方向不对，有些苦也是白吃

  点点这礼拜第二次和我抱怨新工作加班频繁的时候的时候，已经是晚上十一点多了，她刚从公司出来，哭着喊着叫我陪她吃夜宵。

  一盘小龙虾就着一瓶冰啤酒，她激动的面色通红，口沫横飞、手舞足蹈的给我表演新上司开会有多智障。

  初春的晚上依旧很冷，我紧了紧身上的棉衣，看她依然没有停下来的意思，只好无奈的开口打断了她生动形象的表演，"你最近怎么老加班？新工作很忙吗？"

  仅仅一小时之后我就体会到了什么叫"作死"——我简直用身体力行的深刻解释了什么叫哪壶不开提哪壶：这个问题突然打开了她的苦水闸。

  她说她这个礼拜天天都在加班，今天已经是她最早下班的一天了。新上司要求很高，甲方更难缠，方案修改了三遍都不满意，今晚回去得继续熬夜。已经连续两三周周末没好好休息过了，一个月就拿那么一点薪水真不知道这工作有什么意思。为了这份方案她光收集整理的资料都能码满一张桌子。

说着说着她还抹了一把眼泪，酸溜溜的说明明这组是自己最努力，每周之星还评给别人，大公司黑幕太多了。

我不是第一次听她抱怨工作太忙太累，她的努力与收获不成正比了，但每次看到她朋友圈里凌晨更新的满是资料的桌面和当白开水喝的咖啡，又不知道怎么安慰她，努力的还不够吗……看起来已经非常足够了啊！

我最终也只好安慰她时运暂时不济而已，总能好起来的。

我也很疑惑，为什么每一份工作对点点来说都好像特别的困难，她不是一个专业能力不过关的人，怎么会把自己弄得这么累。

后来有一单任务正好是与她们公司的业务合作，对方派出的代表又碰巧是点点他们团队的一位前辈，我旁敲侧击的聊过天后才明白，原来也是万事皆有因——前辈嘴里的点点与我认识的点点大相径庭。

听说点点进公司没多久，她的勤勉就出了名，多少次同事早早下班，偌大公司只剩她一个人，刚开始几乎所有同事都暗暗咂舌感叹现在的九零后小姑娘们的拼劲儿。

但可惜也只是最初而已。

很快各位前辈们就发现，虽然看起来她一直在忙，但效率很低。

她总是策划做一半就跑去微博找灵感，或者就是去微信咨询某位大神朋友，通常都是有去无回。再就是去串门打听琐碎，聊些闲话，取个快递，喝喝咖啡。时间打发起来是非常快的，别人在忙工作的时候，她忙于"社交"，那么别人休息和社交的时候，她补在工作上好像也是合适的事。

前辈说完，思考了一下又补了一句："可能是因为年轻，还不懂努力是有方法的吧。"

听前辈说完，我突然想起点点上一份工作好像就是因为上班时间刷朋友圈丢掉的，当然，按点点的话说，她明明是在和客户联系，却被上司冤枉，只是因为自己的努力惹人眼红罢了。

听到别人对点点的评价与点点对自己的评价，我发现了一个认知误区（好像很多人都如此）：

我们总是会想当然的把努力和吃苦划上等号。

好像大多数人提起努力都会想起埋头苦干，挥汗如雨这种画面感十分强烈的词汇。听说有人累死累活熬夜读书却挂科，有人不吃不喝拼命加班却无缘优秀，我们通常都会感叹这些人吃了这么多苦，最后还没能成功，亏了。

可是你是否有想过，他们吃的那些苦，难道都是因为不可抗力不得不吃吗？

我起初也喜欢这样，总是标榜自己努力多少却没收到过价值相当的回报。直到我发现很多我认为是有天赋的朋友们，都比我会努力多了的时候，我才明白了努力不等于吃苦的道理。

我发现我之所以熬夜赶稿，是因为白天我虽然开着文档却也开着微博微信；之所以通宵码字，是因为我之前几个礼拜一直瞎忙活却没有算好截稿日期；甚至有时候连我拿来标榜自己工作认真的"废寝忘食"也不过是因为工作时间安排不合理导致的吃不及饭。

把努力等同于吃苦，不免会让自己的注意力更多的放在自己"吃了多少苦"上，而不是"是否有科学的努力"上。

过于看重吃苦的结果而忽视努力的过程，会让我们沉浸在自己营造的自我感动的幻想中不能自拔，变成一个只知吃苦，不论方法的"拼命三郎"。

不确定自己努力的方向，不改变努力的方法，你吃的苦不过是莫名其妙的徒劳无功罢了。

而其实你只要学会开始讲究努力的方法并掌握之，就会发现有时候努力做事并不会让自己吃多少苦，而当觉着自己吃尽苦头依然不见效果的时候，更大一部分可能是你正在用错误的方法错误的方向进行错误的努力。

千万不要轻易把失败和坎坷挫折当作天将降大任于斯人的考验，因为说不定你正在做的努力，不过是在吃莫名其妙的苦而已。

你似乎很努力

　　这是22时54分的夜晚，刚刚回到宿舍，满脑子都是这几天的工作计划。除了正常的课程，我还要参加一个面试，还要准备一个社团的答辩。我还有一大堆的琐事，好像每一天都忙碌而充实。做了很多很多事情，然而躺在床上细细想来，却好像什么收获都没有。日子就这样过得像流水账。

　　每到这时，总会想起一个朋友。我们在高中认识，在我的印象里，她是一个很要强的人，小学主持市文化节的文艺汇演，高中全程主持学校的英语竞赛，高三的时候考过了中级口译。在我们被高考折磨得死去活来的时候，她放弃了一所名牌大学的校长推荐，准备报考中国传媒大学的播音主持。

　　在我以为所有的不可能都可能发生在她身上的时候，却传来她因文化课2分之差与中传失之交臂的消息。那天，她对着做题快要抓狂的我哭得死去活来。那是我第一次见到她的歇斯底里，像只受伤流浪的小猫一样。

　　她终究没有去中国传媒大学，来到一所在北京不是特别有名却也是211的学校。大一的时候，我们互通音讯，得知她已经成了新东方的兼职老师。再后来，她以令我咋舌的速度变成了某英语APP的产品经理，每天见到的都是我认为是大牛的人。好像她是坐着火箭在发展，而我却驾驶着20世纪的汽船。每一次与她交流之后，我都为她骄傲，也一次次在我心里产生一种微妙的挫败感。每每那时，我都会暗下决心做些什么。

记得高中我们俩逃课来到实验室，对着彼此的MP3许下以后的愿望，信誓旦旦多年以后要看看彼此的模样。在她报考中国传媒大学失利的那段日子里，她一直在怀疑自己，而我以一个局外人的身份不断劝她看开些。而如今，她在北京做着很多高学历的人都无法得到的工作。我这个自诩博览群书的人，却远远不及她。好像她可以在每一个领域都做到游刃有余，我也好像在她身后远远地看她很久了。

我想，我还是有些追求的。比如说，我想去贵州支教一年，我想在大学里看500本书，我要在大学里瘦10斤，我想考北京某大学社会学的硕士。如今，我好像也取得了还不错的成绩，学习成绩名列前茅，混着学校的荣誉称号，拿着学校的奖学金。我在社团的努力得到了回报，被定为下届的社团秘书长。我还得到了有些男生的青睐。可是，每每想到我的朋友，我总觉得自己所得的是一种不真实的存在，好像七彩的泡泡，碰碰就会破掉。

她曾经向我推荐了很多精品软件，我承认它们很好，然后继续着我不温不火的日子。偶尔，我也会羡慕她的生活，但也只是偶尔而已。我喜欢文字，喜欢唐诗宋词，喜欢写歌，喜欢写诗词散文小说，可后来渐渐觉得文艺毕竟不能作为吃饭的家伙，于是，我开始读专业书，然而它常常让我痛不欲生。浅尝辄止了几次，又一头扎回我的文学幻想城，做着公主的梦。

去年秋季学期，她告诉我她想成为一个作家。我笑了笑，不置可否。而现在，她已经成了简书的推荐作者，那天心血来潮去看她的文章，我惊讶她的文笔和思想早已不是我熟悉的样子。毕竟她的执行力，不知比我好过多少倍。我想，这也是症结所在吧。

现在想来，其实没有什么可抱怨的，我们都曾在内心有强烈的渴望，渴望有一天出人头地，过上自己想要的生活。我过着大部分人眼中大学生应过的生活，就好像在我身后有一堵墙，累了可以趴一会；却也正是这堵墙的存在，限制了我的步伐和方向。我不是不努力，只是没有用全力，因为我有可以后退的筹码，累了懒了，我可以选择休息。而她的身后，却像是悬崖。

曾经有朋友给我发过这样一篇文章，告诉我努力不一定会得到想要的东西，告诉我平凡的人需要几代人的积累才可以让后代过上自己想要的生活。也许正是因为在我们的脑子里早有这根深蒂固的观念，所以我们早给自己设定好了各种框框架架，这个不行，那个不行。我们需要成功，但我们更需要失败的理由，有了这个万能的理由，我便可以心安理得去接受失败，因为大多数人都是这样。成功源于幸运和努力，失败则是人之常情。

就这样，我好像很有追求，却总是与理想相隔千里。所以，在没有尽百分百可能去做一件事情之前，每个人都没有权利先在意识层面否定自己，也不要再给自己找各种各样的理由去承担预料中的失败。那些理由可以汇成一个，就是你还没有准备好去成功。

努力才是最珍贵的天赋

　　最近突然迷上了古筝。第一次去上课的时候，老师看着我弹奏，略感惊讶地说："一般人第一次弹古筝，手指都会非常僵硬，你怎么这么放松？之前有基础吧？"

　　我之前的确从未碰过古筝，若说有音乐相关的基础，可能是小时候草草学过两年电子琴，上小学的时候跟着乐团玩过几年长笛，后来偶尔吹吹竹笛罢了，但都只是业余爱好。

　　老师更加惊讶了："那你真的很有天赋，不学下去都可惜了！"我笑了。

　　刚学电子琴的时候，可从来没人说过我有什么"天赋"啊！那时我不过5岁，小小的我站在高大的哥哥姐姐们中间，如鸡立鹤群。老师说什么听不太懂，五线谱看得又慢，手还小得可怜。

　　"你这次是不是又忘剪指甲了？""回家练了吗？"每次看到老师迎面走来，我都紧张得心要从嗓子眼跳出来，扭扭捏捏像个被审的犯人。以至于后来，我对练琴都有了抵触情绪。考级的时候已经算是正常发挥了，也只获得了一个"勉强通过"的证书。看着人家手里鲜红的绒面"优秀"证，再看看自己暗红色的塑料套的"勉强通过"证，眼泪都要掉下来了。同一个班上的，差距怎么就这么大呢？

我有音乐天赋吗？至少那时，我觉得自己一点都没有。

但后来，学长笛的时候，老师赞许有加，"你悟性很好！教别人好几遍都说不明白，跟你说一遍，你就都明白了。考虑考音乐学院吧！"

学竹笛的时候，老师也很惊喜地说："你音准很棒，听着调都能把谱子写个八九不离十，很有天赋！"

学习乐器是需要对音乐有感觉的。之前勉强学那两年电子琴，虽然没学出个什么名堂，但至少给了我从小浸润于音乐的机会：进了音像店直奔施特劳斯、柴科夫斯基和巴赫，新年看电视总是守着维也纳金色大厅音乐会的转播，跳舞至少能踩着点，唱歌也基本不跑调……若非有那两年，我对音准、节奏的把握想必并不会和其他初学者有什么不同吧。

天赋这个东西是潜藏的，其所带来的差别很容易就被努力掩盖了。甚至它本身都可能是不存在的，有时候，所谓天赋，无非就是之前努力积淀的结果。

而且，比起天赋，努力也许更值得嘉许。曾看过一个故事，一个中国人去一位北欧教授家里做客，见小姑娘甜美可爱，忍不住夸了一句，你真漂亮！没想到，这句赞扬竟惹怒了这位教授，他认真地和这个中国人讲，请你以后不要夸她漂亮！你可以夸她对人都热情微笑，夸她懂礼貌，夸她举止得体，这些都是她自己后天的修炼，而漂亮与她无关。

有很多心理学实验都证明，即便是随机分为两组的一批孩子，完成相同的一项任务，被夸赞"你真努力"的那组，要比被夸"你真聪明"的那组，在后续表现得更愿意挑战艰巨的任务，且更不容易在困难面前中途放弃。

努力，会让人对自己有更强的掌控感，更自信也更坚定；而被夸赞的天赋，有时候反而会成为让你不敢挑战更高目标的"绊脚石"：万一搞不好，我就会被证明是个天赋不足的人。

知乎上有不只一个人问：努力是一种天赋吗？有人回答：小时候总觉得"努力"是没有"天赋"的人做的事情；长大了才明白，原来"努力"才是最珍贵的"天赋"。我想给他点个大大的赞。

因为年轻，所以别太闲

　　最近很长一段时间，我都在加班，回到家还得想想怎么写文，怎么和合伙人把公众号做起来，朋友约我逛街吃饭，总是被我推辞。他们说，要不是给我打电话，真以为我进了什么传销组织，成日昏天黑地似的干活，还一副鸡血满满、斗志昂然的样子。

　　我知道，自己并没有过人的智商，也没有什么背景，想要做成一件事，总是得花上比别人更多的时间，所以不能没有鸡血没有斗志啊，否则拿什么来逼着自己前行？

　　有个年纪稍大我点的姐姐总是劝我，你还年轻，是撒欢玩耍的大好时候，何必忙成这样呢？

　　其实，谁不想愉快地玩耍恋爱，或者嫁个土豪少奋斗几十年。只是我知道，所有的幸福与舒适都是建立在你有实力的基础上。比起灰姑娘的故事，我更愿意相信，旗鼓相当与势均力敌。当你自身具备闪耀的光芒时，自会被人望见，也自会有同样闪着光芒的人，与你携手并肩。

　　对于她所说的，我总是笑笑。我不敢告诉她，自己还准备考研究生。每周五下班，我火急火燎地赶场上课，一直上到晚上十点，而周六周日也是全天课满，比起几年前读大学的时候，我更忙了，但也收获了更多。

我自己清楚，时光会一点点从指缝间溜走。有一天，我们可能不再年轻，但我希望那时的自己，能活得更加从容淡定，有足够的能力应对生活里的波澜，有成熟的思维、厚实的荷包，给自己与所爱的人幸福与安稳。所以，我不敢太闲，也不愿太闲。

认识的一个学妹，去年刚毕业时，常常发微信问我，人生很迷茫很无措，逢考必败，工作也不顺，日子过得好心累好绝望，怎么办？

我问她，"那你有做些什么来改变吗？"

她说，"我就是不知道该做些什么，所以才很苦恼。"

我有些无语，但不好意思直接戳破。她哪是迷茫啊，只不过是过得太闲了，想太多却做得太少，才有时间感叹那些无谓的烦恼。若是把那些精力花在努力改变现状、努力提升自己上，那又怎么会迷茫呢？

后来，我们又聊了些生活琐事，才知道，她平常郁闷时，就去看韩剧，耗费了大量时间。等追剧结束，猛地意识到自己浪费了光阴，心情更加低落，只能再找下一部热片，周而复始。

我给了她一个建议，既然喜欢看剧，那肯定很有感触，不妨写写影评。没想到，她果真去做了，还坚持了快一年。

起初，她常常发文给我看，渐渐地，她发的次数也少了，因为愈来愈忙。现在，她除了写影评，还接了不少编辑的邀请，写写其他文章。更让人意外的是，她竟然跑去剧组，兼职做起了编剧助理。

几个月前，我再见到她时，她整个人都和以前不一样了，眼神里多了一股从未有过的坚定和自信。

她告诉我，现在每天都要做很多事，虽然累了点，但却过得特别充实。当生活忙碌起来，根本没有时间无病呻吟、胡思乱想，更没有时间去迷茫；当所有精力都放在努力与奋斗上时，人生也开始变得有意义，而一个个成功也会纷至沓来。

很多人会问，怎样才不算过得太闲，难道每个人的人生都得马不停蹄地工作学习，才叫做不闲吗？

每个人对生活的憧憬不同，但是当你夜晚躺在床上，能细数出这一整天做了些什么，并且不会因没把握好时光而感到不安和自责，不会因自己毫无成就而对未来彷徨，那么，这一天对你而言，便是没有虚度。

当你清晨醒来，脑中早已做好了一天的规划，并愿意为之调动自己所有的热情，昂扬斗志地完成所有；你愿意相信，只要自己坚持下去，就能日有精进，那么，这一天，对你而言，就算有意义。

我所认识的朋友，他们大多都很忙碌。有的在假期狂练马甲线；有的深夜还在苦苦写文；有的是身兼多职；有的研究烘焙蛋糕甜点……他们不仅仅把时间投入在工作学习中，更多的是让生活充满乐趣和期待。

我们现在才二三十岁，对于整个人生而言，仅是个开端。一切都有可能，我们不必迷茫，不必太早地享受安逸，而该去做自己想做的事，去过自己想过的生活。希望未来的你，没有遗憾，不会感叹曾经年少荒废了青春，而是因为年轻，活出了最美好的样子。

礼遇生命中的每一个人

　　大学毕业后，直接到一家外企工作，跑业务。接到第一个单子，很富戏剧性，当时，我和同事阿达去拜访某公司的会计小姐，询问他们公司是否准备装修，是否需要我们公司的办公家具……会计小姐很客气地告诉我们：对不起，本公司没这个计划。

　　我们很礼貌地退出，阿达还深深地鞠了一躬说"再会"。他说，这种人，不能得罪。

　　坐电梯下楼时，开电梯的阿姨对于我的微笑招呼，似乎很惊讶，便主动与我聊了起来，我还很恭敬地递给她一张名片。同事阿达不屑地冷笑一下，转身对着电梯里的镜子梳头。在他看来，我这是多此一举，"无"的放矢，对牛弹琴。当阿姨听说我们是来推销办公家具的，赶忙告诉我一个"风声"，说是前一天，总经理与副总经理在电梯里，谈到下个月决定大装修，还要添加不少办公设备……

　　于是，我马上决定上楼找总经理，阿达坚决不去，他说："你相信一个开电梯的老太太的话？"那好，我一个人去。最后见到了总经理，他十分惊诧："你怎么知道的？"第一个单子就这么拿下，总价300万元。

这是我初涉人生的第一次机会，他是一位胖胖的开电梯的阿姨给的。

每次坐长途汽车，落座后，就闭目遐想：今天总应该会有位美女坐我旁边，起码是个赏心悦目的异性！这次也一样，眼巴巴看着一个个美女持票鱼贯上车，硬是没有一个坐我身旁。最后，来了个提大包小包的乡下老太，我看得出她要进城做饭去，因为其中一个蛇皮袋里装着铁锅，露出把柄，然后"当"一声就落在我脚边，我终于明白，她是我今天有缘同车的同座。

我欠了欠身子，表示欢迎。她开始说话，说是第一次出远门，要去省城福州看二儿子，是读土木建筑的，领导很看重他。现在儿子要请她过去做饭，但是她的原话是"他很孝顺，要我去享清福……"她不会讲普通话，可十分健谈，不断地问我"十万个为什么"，用的是我们老家土话，我也尽量陪聊，并且努力夸她提到的人、捧她提到的事，我渐渐习惯而且理解一个纯朴母亲的慈爱心。

虽然，看着前后有情侣或分吃一串糖葫芦，或一人耳朵里各塞一耳机分享MP3，我有些惆怅。2个小时后，眼看福州就要到了，我看出老太太的不安，她心虚地问我："我是要北站下车的，你是到哪个站？"我诚恳地主动地安慰她，不要紧张，请放心，我跟她是在同一站下车，我会带她下车的……

眼看车子已经出了高速路，进城了。老太太不停地整理东西，可见她还是慌。我突然想，对了，下车后，她怎么与她儿子联系？我再次关切问她："你儿子的电话是多少？我帮你给他打个电话，告诉他在车站哪个出口等你。"

她赶紧从口袋里掏出一张纸，上面写着一个手机号码，我随即拨通了他儿子的电话，通了，更奇妙的是，我手机屏幕上马上显示出一个我正要找而且前几天刚刚新添到通讯录上的名字，某工程的项目经理，这真是太奇妙了，眼前老太太的儿子居然就是我要找的人，而且是我需要他帮忙的人……

接电话的是个年轻的声音，我把手机递给那兴奋的老太太："我快到了，阿狗（我们老家土语，宝贝的意思），还好有这个好心人照顾我……"哦，我就是那个好心人！我欣慰而庆幸。

下车的时候，他们母子相见，场面感人。然后，老太太拖住我，一定要她那个有些羞涩的儿子感谢我："还好是这小兄弟一路帮我，你们都在同一个城市，一定要像兄弟一样做朋友！"她儿子频频点头。我也微笑致意。

几天后，我信心十足地去找这个年轻的经理，在他办公室，他抬头看我，一愣，原来之前多次与他电话咨询的人就是一路照顾他妈妈的"贵人"，在感慨"世界真小"之后，他爽快地在我需要他签字的工程合作单子上签了大名……

原来一个需要我小小帮助的老太太，就是货真价实的"机遇女神"。机遇女神有时就是一位需要你帮助的人。

成功的人生，是由很多细碎的机会组成的，而赋予你机遇者都是你的贵人。

所以，机会的本质是抓住给你机会的那些人，问题是机遇女神常常化装成最平凡的人在人间。所以，我的经验是，请礼遇你生命里的每一个人，每一个人都是一个机会。

她为什么能成功

　　南京女孩阮露斐曾就读于南京市第一中学。而今，她不仅成长为在世界大赛中屡有斩获的"女子国际象棋特级大师"，同时她也是清华大学的一名高才毕业生。一年前的秋天，她奔赴美国卡耐基——梅隆大学留学，硕博连读，并获得大学为她提供每年8万多美元的全额奖学金。

　　阮露斐是如何做到棋开得胜和学有所成的呢？原来，阮露斐在很小的时候，父亲教她下中国象棋，小区里比她大的男孩子都下不过她，父亲觉得她有天赋，带她去体校学棋，去的那天恰巧教中国象棋的老师不在。因此，就是这么一次阴差阳错，她从此和国际象棋结下了不解之缘。

　　读高一时，阮露斐被省体院聘为职业棋手，一边上学，一边下棋，同时进入国家集训队，训练中充实而忙碌的生活延续将近一年。由于遭遇非典，在空缺一学年的课程后，她重返校园，这时离期末考试已经很近了。课程知识出现严重"断层"，学习压力之大可想而知。那段时间，她真有一种忙不过来的感觉，每天听课像听天书一样，在课堂上记住新知识，在课后再把断层补上。经过不懈努力，当课程前后贯通时，她常常有一种意想不到的感觉，会突然有一种恍然大悟和原来如此的惊喜。突击学习一个多月，她竟考出了全班第8名的好成绩。

不仅如此，在高中三年里，阮露斐三分之二的时间是在参加象棋集训和比赛，在校上课时间还不到三分之一。在清华大学当年组织的冬令营考试中，她一考惊人，超出规定分数线40多分。清华大学随即承诺，只要她在高考中考出300分就能按体育特长生录取她。但高考结束时，她竟考出586分。以高出286分的惊喜成绩考入清华。

入读清华后，阮露斐就读的是经济管理学院的会计专业。她一边上学，一边参加比赛，一路成长为"女子国际象棋特级大师"。2010年6月，她从清华大学毕业时，学业综合评分排名第二，是名副其实的高才生。两个月后，她申请到美国卡耐基——梅隆大学的硕博连读资格。

对于棋手而言，下棋风格不外乎有两种：一种是天天下棋训练，才有感觉；一种是基本功扎实，努力就有进步。阮露斐显然属于后者，2010年12月，在土耳其举办的"国际象棋世界锦标赛"上，她一路过关斩将，直到遭遇同为江苏籍的16岁少女侯逸凡，最终取得亚军席位。同时，她被组委会誉为本次比赛中"最黑的黑马"。

2011年，阮露斐因为要去美国留学，不得不宣布从江苏队"退役"。但在读硕博期间，她依然没有放弃一边读书一边下棋的人生构想，参加了2011年8月在俄罗斯、土耳其、亚美尼亚等多个国家同时举办的"世界女子国际象棋大奖赛"。

阮露斐说起自己成功的秘诀，一脸谦和与自信。她说："如果一个人的成功背后，天赋是其中的一个原因，那么另有两种个性是不可忽视的：一个是超强的自控力，另一个是坚韧不拔的毅力。"

一根蜡烛两头烧，鱼和熊掌照样可以兼得，这就是她的成功秘诀。阮露斐正是凭着超乎常人的自控能力和坚韧毅力，"双力合一"地成为她身上的一双有力翅膀，不断让生命充满进取，让成长用力飞扬，她的青春才如此激昂澎湃，无限辉煌。

另辟蹊径得成功

　　去年，侄女小雯毕业前夕，父亲四下托关系，帮她找了两份较轻松的工作：一是在朋友的公司做文秘，接接电话，整理文档；二是去一家新开业的银行做前台服务。每月工资都在1200元以上。人还未离校，工作的下家已联系好，同学都羡慕她"老爸"有本事。

　　然而，小雯不想走父亲为她铺好的路，她有自己的职场规划，思危在先。大学扩招后，每年的求职者如过江之鲫，她这个商专生要找到一份专业对口的好工作真比登天还难。倒不如放下姿态，从最基层干起，积累经验，朝一个既定的目标前进，以后就能在职场上蓄势待发，游刃有余。

　　婉拒父亲的安排，通过网上招聘，她去沿海一家私企当了外贸跟单员。公司不管吃住，月薪只有1300元。除去各种开销，甚至还要家里补贴。父亲对此非常不解。

　　当跟单员就是学本事，熟悉各种出口环节，了解商品和市场。虽然苦，但她做得很认真。头3个月，由于没出差错，老板给她转了正。后半年开始自己接单，成了这个行业的熟手，月薪加到了2500元。今年上半年，她被提拔为销售主管，端上了"金饭碗"。而几个做客服或文秘的同学，都是"昙花一现"，或被老板炒了鱿鱼，或被更年轻、更有门路的应届毕业生所取代。

小雯说，自己之所以端的是"金饭碗"，是因为，所积攒的客户人脉和积累的操作经验别人代替不了。即使这家私企再招新人，她也不怕。做到这个层次，去同行的工厂很好找工作；如果自己开间小公司，也能拉到生意。至此，父亲夸她当初求职很有心计，看得比他远。

无独有偶。小雯的一个同学不去抢那些靠吃"青春饭"，一时轻松的工作，而是进了私人办的幼教，一步一个脚印，先教幼儿园大班的英语，后来带小学低年级。其间，她不断充电，向名师学习，逐渐小有了名气。今年经公开招聘，她被一所重点小学破格录用。

上面两例表明，求职要另辟蹊径，不去选择容易被别人所取代、暂时看似不错的工作。潜下心练就"真功夫"，掌握了有效资源，即使名牌大学生或研究生也不一定能抢去你的饭碗。在人才市场越来越供大于求的今天，用人单位更实际，更乐意招那些能马上带来效益的人。文凭不"硬"者，更需要脚踏实地，以成就独特优势，在任何情况下，占据就业的主动。

成功在于发现

　　他从小就对汽车感兴趣，梦想着有朝一日也能拥有一家属于自己的汽车公司。然而他对汽车的知识也只是略知皮毛而已，所以大学毕业后，他准备去汽车公司就职。

　　彼时，已经有三家汽车公司向他发出了邀请，而这三家公司的薪水却不尽相同，最高薪水和最低薪水居然相差2万多日元。当然，照常理推断，任谁都会选择薪水最高的公司，而令所有人大跌眼镜的是，他居然选择了那家薪水最低的公司。

　　进入公司后，他开始潜心研究汽车的性能。他发现，这家公司的车体使用的是性能良好的刚性支架，再加上安装的是全时四轮驱动系统，使汽车在车轮发生打滑时，能自动调整并防止打滑现象。所以在高速拐弯或者发生碰撞时，它比一般轿车来得更沉稳，具有很高的安全系数。

　　多年后，他凭着一流的汽车技术，成立了自己的品牌汽车公司。他的公司理念是："如果你打算造一部汽车，那就造一部成熟的汽车。"凭借着这一理念，他的公司做得风生水起，在日本享有很高的声誉。成功后的他，被记者团团围住。当记者问起他当初为什么选择那家薪水最低的公司时，他开始若有所思。

原来，那一年，心思缜密的他不断搜集着汽车方面的新闻和资料。突然，他在报纸上看到这样一则消息：在韩国南部的一条高速公路上，一辆汽车在超车时因失控撞在护栏上又弹了回来，进而引发了连环相撞的事故。

在这场灾难中，共有12辆车相撞，而这些汽车几乎都是车翻人亡。它们分散在高速公路上，轧扁的金属和破碎的玻璃随处可见，还有的汽车撞在金属护栏上，场面真是惨不忍睹。

然而，就在人们嗟叹这飞来的横祸时，细心的他却从中看到了另外一幕。在这场车祸中，有一辆轿车，虽然车身被撞得支离破碎，但这辆车却平稳地停在地面，而车内的司机也安全无损。

他不禁暗自惊叹，这不正是自己应聘的那家薪水最低的公司生产的轿车吗？没想到，正是这家公司的轿车，保全了司机的性命。这让他不禁眼前一亮，这家公司的轿车日后的销量一定会超过另外两家薪水较高的公司。于是，他毫不犹豫地选择了这家薪水最低的公司。

事实也正如他所预料的一样，几年的时间，这家公司的汽车很快名声大噪，他的薪水也是水涨船高，早已超过了当初应聘的另外两家公司开出的薪水。

他就是日本斯巴鲁汽车公司的CEO凯特。生产一种能让人们买得起且具有良好性能的汽车在技术上是非常艰巨的，而且许多制造商都不愿意染指这一难题，然而，凯特却凭借其强大的技术实力接受了这个挑战。尽管这条路走了很多年，但凯特却获得了巨大的成功。

其实，成功与否，不在于你有多么大的能力，关键在于你有一双善于用心观察的眼睛，而凯特之所以选择薪水最低的公司，就是因为他从中看到了发展的前景。所以，成功也就水到渠成了。

守时的成功

清朝乾隆年间，有个叫王瑞福的山西人在北京前门大街开了一家小酒店。这个王掌柜的制定了严格的店规，晚上不过子时不关门。

有一年，到了中国人最重视的除夕夜，街上的人都赶回家过年了，很多店铺也早已关了门，因此没生意。有伙计就对王老板说："老板，街上都没什么人了，估计也没人来吃饭了，要么，今晚咱们也就破例早点关门吧！忙了一年，大伙也想早点回家与家人团聚。"可这个有些不通人情的王老板却说："还是等到子时再关门！规矩得严格执行。"

就在店里的伙计等着犯困打瞌睡时，门帘一挑，两个打着纱灯的仆人一前一后，引着一个书生模样的年轻人走进了酒店。掌柜王老板一见有客人来了，忙热情地迎上前。他见这3位客人衣帽整洁，仪表不俗，就知道是贵客，立即吩咐小二引他们上楼，把店中的洋酒"佛手露"和酒铺自制的几样拿手凉菜"糟肉"、"凉肉"、"马莲肉"一齐端上桌来，亲自为3人斟酒，并站在一旁伺候。只见那个年轻的书生，吃过之后，伸出大拇指，连夸菜好酒好服务好，还说京城里那些有名的酒店都比不了这里的酒菜。

可能是喝得比较尽兴，年轻的书生就问掌柜王瑞福："你这小店叫什么名字？"王瑞福赶忙回答："还没名字。"书生点头说："这样，我给你起个名字好不好？"遇到个文化人，王掌柜忙说："那敢情好！"于是，吩咐小二找来一张红纸与笔。书本拿起笔想了想说："本以为这个晚了店都关门了，肯定要饿肚子了，可没想到，你的店还在开门营业，全京都估计也只有你们这一处还没关门，就叫'都一处'吧！"说完，拿起笔，刷刷刷，在纸上写了"都一处"三个大字。写完后，一行人笑着打招呼离开了。

等做完这行人的生意后，也过了子时，大伙把店门关了，洗漱一下也就睡觉了。至于书生给的题字，王掌柜也没太在意，就放到一边去了。几天之后，忽然一天，十几个太监排着队，到了王掌柜的酒店，把一块写有"都一处"三个大字的虎头匾，送给王掌柜。到了这时候，大伙才知道，三十晚上来喝酒的年轻书生竟然是乾隆爷，这块匾是乾隆爷亲手题写的命人送过来，掌柜的激动得跪倒在地接过匾，然后，端端正正地将其挂在店铺的门楣上，又将乾隆爷那天晚上坐过的太师椅盖上了黄缎子，下边还垫上了黄土，恭恭敬敬地摆放起来，规定任何人都不得再坐。乾隆爷题匾的消息，一阵风似的刮遍了北京城，也让"都一处"名声大噪，生意蒸蒸日上。

也许你可能认为王掌柜运气好，恰好碰以乾隆爷。可是，假如他和很多商家一样也把店门关了，也就没有这个故事了，他的成功，恰恰是比别人家迟关了门。机遇有时往往会垂青那些努力坚持到最后的人。

只有向前冲

　　7岁那年，父亲就因病去世了。他是跟着母亲和3个姐姐一起长大的。四川郫县农村的生活是艰辛的。在他童年的时候，几乎没有接触过任何乐器。他的音乐启蒙来自于当时农村的大喇叭。每当早晨大队那个大喇叭播放起美妙音乐的时候，他便背起书包，赤脚踩着音乐的节拍，奔跑在上学的小路上。时间一长，他竟然能够唱出跟大喇叭里一样的歌声。可是，对于一个农村孩子，尤其是对于一个年幼的农村孩子，音乐对他来说似乎是非常遥远的。他从来不敢奢望走音乐这条路，更不敢梦想成为歌唱家。

　　小学毕业，他只身离开了郫县农村，来到了位于岷山深处的茂汶羌族自治县第一中学就读。茂汶羌族自治县是一个以羌族为主的少数民族自治县，茂汶一中的学生几乎全部为羌族，他们说话带有浓厚的方言，他听不懂。言语的障碍，贫苦的家庭出身，让他仿佛到了另外一个世界里。他苦闷而又自卑，常常一个人独来独往。只有上学和放学的路上才成为他可以发泄的美好时间。茂汶一中的宿舍和教室之间隔着一道铁索桥。桥下是浪涛滚滚的岷江，两岸是重峦叠嶂的大山。他一个人站在桥上，放开喉咙，大声地喊，大声地叫。他的声音刚落，大山便发出了悠悠的回音。他听到大山的回音，心里就感到特别的踏实。他不知道这是不是练声。久而久之，他发现自己的嗓音比以前更亮了，更宽了，气也更顺了。

他对自己的音乐天赋全然不知。一次，校园的广播里播放关牧村的《金风吹来的时候》，他便仔细地听。他听了三遍便能唱出来。学校开文艺联欢会，他便唱这首《金风吹来的时候》。他的歌声赢得了阵阵掌声。可是，他还是没有走音乐这条道路的想法。因为，他知道，音乐家都是从孩童开始练起的。这些天才很小就有自己的专业老师，很小就开始练习吹拉弹唱。而自己别说请专业老师，就连饭还吃不饱呢！一个不懂五线谱不会弹琴的农村孩子怎么能够与别人在音乐上比？他的这一想法一直到高三的时候才改变。

高三的时候，学校分配来了一位音乐老师，刚刚从大学毕业，比他仅仅大了3岁半。这位老师听了他的歌声，便认定他是一位难得的音乐怪才。老师对他说，你的嗓音属于很优秀的男中音类型。在音乐界，优秀的男高音很多，优秀的男低音也多，但是，优秀的男中音可是不可多得的。你报考音乐学院一定行。在老师的鼓励下，他开始学习五线谱。经过一年的准备，他带着必胜的信念走进了考场。他报考的是当地一家音乐院校。可是，他落榜了。

在他落榜的那年夏天，他一个人回到了郸县老家，一个人在人迹罕至的深山里，大声地唱。他唱给大山听，唱给鸟儿听，唱给森林听，也唱给自己听。唱累了，唱够了，他便哭。希望破灭了，今后的人生道路该如何走？难道就此在农村与母亲一起种田？或者是出去打工？正在他彷徨的时候，老师找来了。老师还是那句话，他是一位音乐怪才，他应该走音乐这条路。老师的话再次点亮了他的心灯。他又回到了学校。经过一年的复习，他再次上了考场。这次，他报考的是全国最古老最有名的上海音乐学院。他的音乐乐理知识还很差，甚至没有学习过钢琴。可是，主考官倪成丰先生听了他的演唱，被他的歌声震惊了。这位有着丰富经验的音乐家断定这是一块没有经过雕琢的好玉，一定能成为一位震惊国际乐坛的人才，便当即决定录取他。

1988年秋季开学，他带着母亲给他的1000元学费和几本翻得残缺不全的音乐书籍，登上了开往大上海的列车。下了车，天正下着大雨。为了不把母亲省吃俭用为他买来的新鞋子弄脏，他把鞋子脱下来，装进了背包里。然后，他赤着脚，步行前往上海音乐学院。当他跨进上海音乐学院大门的时候，他的举动引得同学们驻足观看。他对同学好奇的目光置若罔闻。因为，苦难和失败的经历已经使他变得坚毅而又坚定。他知道自己不仅是光着脚丫，而且在音乐艺术上还是"光着身子"。他与他们之间是存在着很大距离的。别人的目光并不重要，重要的是自己要不顾一切往前冲。

就这样，他赤脚走进了中国高等音乐学府的大门，开始了自己的新的人生。开始的时候，他的学习成绩很差，甚至在考试中位居全班末位。可是，他从不气馁。他把一切时间都用来学习，用来弥补自己的不足。很快，他从一位差等生变成优等生，从一位优等生登上了北京大剧院、法国巴黎大剧院、挪威大剧院，夺取了"多明戈世界歌剧大赛"第一名，挪威"宋雅王后声乐大赛"第一名等世界级的荣誉，站到了世界音乐舞台的最高峰。2011年7月16日，在上海世界游泳锦标赛开幕式上，他身着泳装，在水中演唱了《涌动》。他的美丽的歌声传遍了全球，滋润着亿万观众的心田！

他的名字叫廖昌永，现任上海音乐学院声乐歌剧系主任、上海音乐学院副院长。无论起点多么低，无论条件多么差，无论别人多么鄙视自己，只要赤脚往前冲，就一定能够成功。

半个农民的秘诀

　　他1943年出生于豫西南的一个贫穷的小山村。父亲是个木匠，农闲时节东家来西家去做点木器活养家糊口。为了供他读书，从他记事起，母亲总是把家里的鸡蛋一个一个积攒起来凑够他的学费，父亲甚至把厨房的实木门窗卸下来卖掉。看着一贫如洗的家，年幼的他就知道只有知识才能让他走出大山，摆脱贫困，改变自己一生的命运，因此，他格外珍惜来之不易的学习机会，从入学开始就养成了特别能吃苦的习惯。

　　1962年，19岁的他以全区高考第一名的优异成绩考入中国科技大学无线电电子学系。大学毕业他被分配到四川永川国防科委工作。随后的十年动乱，他屡遭迫害，身体状况不佳。1977年10月，他主动要求回到所在的家乡——南阳科委工作。辞别时，曾伤感地填了一首词，词中"无才西蜀图相仕，有志南阳学躬耕"，表明其心迹，意思是说自己不能像诸葛亮一样在西蜀成就一番大业，就学诸葛亮在南阳做点实事吧。

　　当时，我国正处于计算机技术推广初期，汉字输入一直是困扰国人的一大难题。因此，在国内外曾经有很多人论断：计算机是汉字文化的掘墓机，中国人要么不用电脑，要么废除汉字。其间，本地引进一台日本人发明的汉字照相排版植字机，但该机器汉字输入时不能校对，一出错就要重新照相制版，非常麻烦。后来尝试使用"幻灯式"键盘，效果仍不理想。为此，单位拨给他3000元专项经费让他搞试验。

刚开始，他只是想找一个现成的输入方案，用这个输入方案做一个键盘，来解决汉字照相排版的校对问题。但几经周折，最终没能找到好的汉字输入方案。为此，他来到上海、杭州等科委情报所翻阅国内外相关资料，由此踏上了压缩键位进行汉字输入的艰难历程。

为了压缩计算机的键位，他把《现代汉语词典》中的11000多个汉字，全部写到每一张卡片上，然后根据汉字的形体特点，将预先设计的字根编码制成键位卡片，从最早的188个键位压缩到138个，接着从138个键位压缩到90个，再接着从90个键位压缩到75个，最后，从75个键位压缩到62个。62个键位是当时国内最好的方案之一。

"没有走投无路寝食不安的焦心烦恼，就不可能产生突破。"他没有就此罢休，奋力向48个的标准键位迈进，接着他成功做成了40个键位，并向26个键位的目标冲刺。这时，上级给他拨付10万元专款，并送给他一台日本产的当时最好的PC8801计算机，搞了4年计算机汉字编码的他，终于有了自己的计算机。

1983年，他以多学科最新成果的运用、集成和创造，首创了"汉字字根周期表"，研究并发明了五笔字型输入法，在世界上首次突破汉字输入电脑每分钟100字大关，先后荣获美、英、中三国专利，引发了汉字输入技术的第一次革命，被国内外专家评价为"其意义不亚于活字印刷术"。

随后，他用15年时间推广普及，使五笔字型输入法覆盖国内90%以上的用户。1984年，他第一次在联合国总部演示时，汉字在电脑屏幕上以每分钟120个字的速度跳出，在场的官员惊呆了，一位联合国官员下意识地把键盘翻过来看看，检查一下其中有没有"猫腻"。他先后5次应邀赴联合国讲学，使该输入法在全世界得到广泛应用。

后来，他不断对五笔字型输入法进行创新改进，先后推出了95王码、五笔数码和标准五笔等专利技术，让古老的汉字跟进了数码时代。1998年2月，他发明了我国第一个符合国家语言文字规范、能同时处理中日韩三国汉字、具有世界领先水平的"98规范王码"，同时，推出世界上第一个汉字键盘输入的"全面解决方案"及其系列软件，成为我国汉字输入技术发展应用的里程碑。随后，他历时6年，投入1000多万元资金，发明了"大一统五笔字型"，借此一统五笔字型市场，推动输入软件正版化。目前，在全国亿台计算机中，百分之九十以上安装有五笔字型输入法。

当五笔字型输入法开始普及的时候，他就有一个想法，与其让别人去移植五笔字型，还不如自己移植好了卖给他们。于是，他创办了自己的王码电脑公司，经营五笔字型的使用软件，当年纯利润就达到上千万元。为了尽快推广普及五笔字型输入法，造福社会，他做出了一个惊世骇俗的举动：他在人民大会堂公开宣布，王码电脑公司将本来可以产生巨额效益的最新成果——王码5.0版汉字操作系统软件向国内不加密开放。这就是说，中国人可以不付任何代价使用这种系统软件！

他就是王永民，现任中国科协委员、中国民营科技实业家协会副理事长、北京王码电脑总公司总裁。30年来，用他发明的"五笔字型"，开创了电脑汉字输入的新纪元，被人们誉为"当代毕昇"、"中国的比尔·盖茨"。三十年磨一剑。当记者问起他成功的秘诀，他总是平静地说："我只是一介书生，半个农民，干好一件事情，绝对是不简单的。我的本质就是充满激情去创造新的东西，埋头把事情办得比期望的好。"

没有谁能阻挡你

　　那是一个椰子飘香的季节，位于印度喀拉拉邦海岛上的一个普通农家，传来了婴儿清脆的啼哭声。父母为刚出生的儿子取名阿杰·库玛尔。

　　海岛上林子郁郁葱葱，父母常常带着库玛尔在海滩漫步，一家人欢声笑语，其乐融融。库玛尔聪明活泼，小小年纪就学会了很多首儿歌，还会模仿各种动物的造型表演给父母看，把大人逗得前仰后合。父母对聪明的儿子寄予了很高的期望，希望他有朝一日走出海岛，出人头地。

　　但是，幸福总是很短暂。父母惊奇地发现，库玛尔似乎怎么也长不高。3岁的时候，他只有普通的1岁婴儿高；5岁的时候，还是那么高；到了10岁，仅有 76厘米。小伙伴开始嘲讽和戏弄库玛尔，称他为"小矮人"，说他永远只有这么高了。库玛尔向母亲哭诉，母亲安慰他："别听他们胡说，你一定会长高的，你还小呢。"

　　但是，他真的再也长不高了。医生遗憾地告诉他的父母：

　　"你们的儿子得了侏儒症，也许永远只有76厘米。"这犹如一道晴天霹雳在父母头顶炸开，母亲歇斯底里地大喊："不，医生，你看他多聪明，怎么可能是残疾？"医生耐心劝导："侏儒症并不影响智力，他的身体长不高了，智商却不会停止发育。"父亲仍不死心，求医生一定要想想办法。医生摊开双手，表示无能为力，并说："您应该接受这个事实。况且，他有一颗聪慧的头脑，只要努力，一样可以做到不比别人差。"

　　那个夜晚，全家陷入深深的绝望之中。深夜，狂风大作，库玛尔蜷缩在被子里，伤心地摩挲自己短小的身躯，耳边是雷电的轰鸣，眼前是闪闪的泪光。

　　第二天，骤雨初歇，母亲拽着苦闷的库玛尔到外面散心。平缓的山谷里，高大的树木遭遇雷雨袭击之后，一片狼藉；而低矮的小草却倔强地从石缝中钻出，挂着晶莹的雨水，郁郁葱葱，生机勃勃。库玛尔激动地大叫："妈妈你看，多可爱的小草，虽然它们像我一样矮小，却没有什么能阻挡它们生长！"母亲攥紧他的双手，微笑说："是的，孩子，你很聪明，只要努力，没什么能阻挡你出人头地。"

　　从那天起，库玛尔仿佛变了一个人，笑容回到他的脸上，久违的歌声也重新响起。同伴仍会取笑他，他不以为然地回敬道："我没你们高，但不比你们笨，而且我会比你们更努力，将来不比你们差。"库玛尔没有食言，从中学到大学，他一直成绩优异。大学期间，他一边攻读经济学硕士学位，一边到各影视剧组兼职做演员。由于酷爱表演，又有表演天分，大学毕业后，他毅然选择了影视行业，先后主演过50多部电影，逐步成为印度当红影星，并创下了"世界最矮演员"的吉尼斯世界纪录。通过拍摄电影，库玛尔每年都能获得2万英镑的酬金，相当于印度普通大学毕业生工作后薪水的8倍。

库玛尔为自己的成功总结了一句话，掷地有声："我个子很小，但可以像正常人一样工作，照样获得了成功，许多比我高的人却碌碌无为。这关乎头脑，同身体无关。只要有一颗聪慧的头脑，只要不懈地努力，没什么能阻挡你出人头地。"